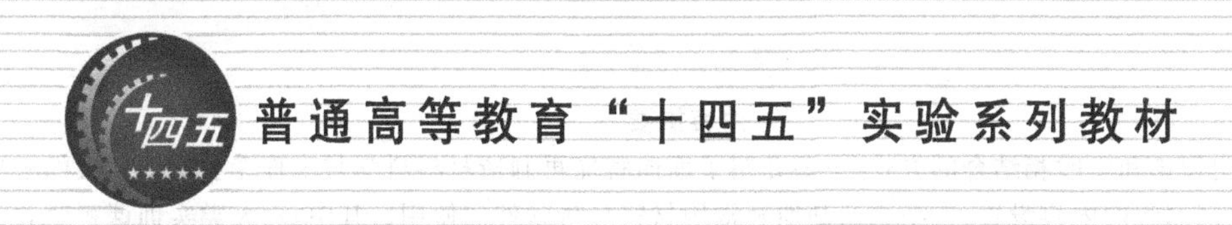

智能再制造综合实训指导书

刘明霞 畅庚榕 主编

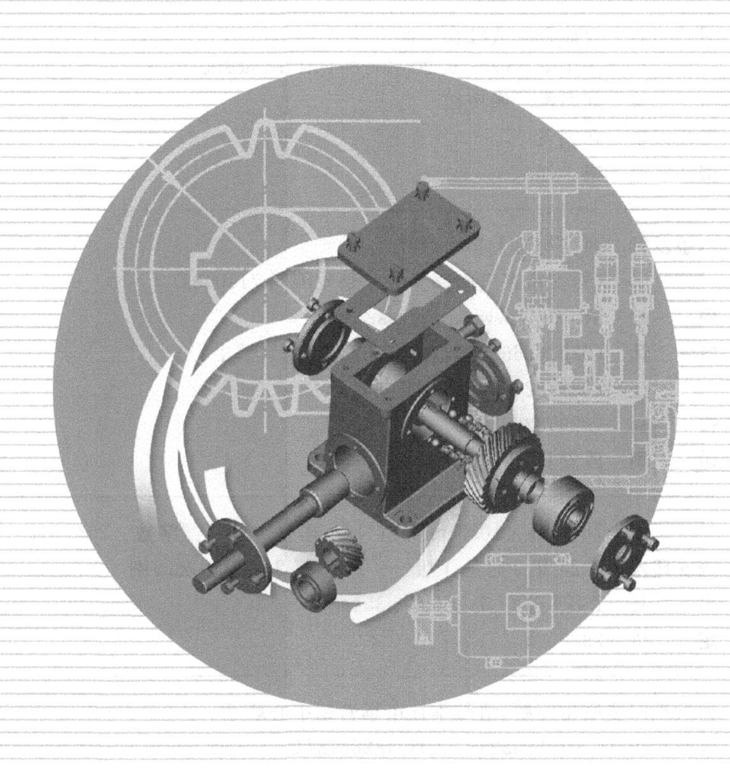

内容提要

本书采用理论和实践相结合的方式，主要介绍了面向智能再制造材料科学与工程专业实训开展的必要性、六大类实训课程的内容设置、典型实训基地及常用材料分析软件的使用。其中，六大类实训课程紧扣智能再制造全生命周期流程特点，包括材料失效分析、逆向设计与增材制造、材料表面工程、金属材料热处理、材料测试分析和典型零部件再制造，引用典型的实训案例增加了增材制造技术的可操作性与趣味性，同时增加了实训课程典型合作企业及常用的材料分析软件使用简介，以期加强学生综合性试验和工程实践能力。为便于教学，本书配有微视频教学资源。

本书可作为普通高等工科学校和高等职业院校材料类、机械类或近机械类实践课教材，也可作为相关专业职业的教学用书，还可供有关工程技术人员参考。

图书在版编目(CIP)数据

智能再制造综合实训指导书 / 刘明霞，畅庚榕主编. —西安：西安交通大学出版社，2024.2

ISBN 978-7-5693-3541-5

Ⅰ. ①智… Ⅱ. ①刘… ②畅… Ⅲ. ①智能制造系统—高等学校—教材 Ⅳ. ①TH166

中国国家版本馆 CIP 数据核字(2023)第 233184 号

书　　名　智能再制造综合实训指导书
ZHINENG ZAIZHIZAO ZONGHE SHIXUN ZHIDAOSHU

主　　编　刘明霞　畅庚榕

责任编辑　郭鹏飞

责任校对　李　佳

出版发行　西安交通大学出版社
（西安市兴庆南路 1 号　邮政编码 710048）

网　　址　http://www.xjtupress.com

电　　话　(029)82668357　82667874(市场营销中心)
(029)82668315(总编办)

传　　真　(029)82668280

印　　刷　西安日报社印务中心

开　　本　787 mm×1092 mm　1/16　**印张**　9.75　**字数**　205 千字

版次印次　2024 年 2 月第 1 版　2024 年 2 月第 1 次印刷

书　　号　ISBN 978-7-5693-3541-5

定　　价　29.00 元

如发现印装质量问题，请与本社市场营销中心联系。

订购热线：(029)82665248　(029)82667874

投稿热线：(029)82669097　QQ：21645470

读者信箱：21645470@qq.com

序

党的二十大报告提出,“要推进美丽中国建设”“加快发展方式绿色转型”“积极稳妥推进碳达峰碳中和”。《中共中央 国务院关于全面推进美丽中国建设的意见》指出,“要大力发展再制造产业”“加快构建废弃物循环利用体系”。再制造作为符合国家战略目标、符合我国发展方向的朝阳产业和新兴产业,正在得到全社会的关注和重视。

发展再制造产业,一方面可以缓解大量报废产品带来的环境负荷问题,另一方面可使高附加值废旧机电产品得以循环利用,节约资源、降本增效。联合国环境署的报告指出:再制造可以节省80%左右的新材料,有助于温室气体排放量减少79%~99%。因此,再制造产业对提升绿色制造水平,促进制造业转型升级,推动发展方式绿色转型作用明显、意义重大。

我国高度重视再制造产业的培植和发展,工信部发布的《高端智能再制造行动计划》指出,大力发展高端智能再制造是实现制造强国的重要途经。当前,我国已有数千家再制造企业,产品涉及汽车零部件、工程机械、能源、冶金、电力装备及电子信息产品等十几个领域,产值约达1000亿人民币。

智能再制造是先进再制造技术发展的新方向,其结合工业智能化改造和数字化转型,深度融合了自动化技术、信息技术、网络技术等内容。智能再制造产业的快速发展对专业技能人才提出了迫切需求。本书编写组在开展再制造理论教学和科学研究的基础上,基于智能再制造行业快速发展的现状,从实训课程开展的必要性、材料失效分析、逆向设计与增材制造、材料表面工程、金属材料热处理、材料测试分析、典型零部件再制造、典型实训基地、常用材料分析软件使用等方面进行了全面汇编,为相关专业本科生理论课程学习和实训实习类实践课程提供了有益参考。

本书为我国再制造产业成长壮大，特别是培养应用型、复合型专业人才提供了实践指导和教学支撑。我相信，本书的出版将有利于丰富我国再制造专业人才培养的系列化教材，有利于推动再制造实践教学的创新，继而有利于促进高端智能再制造产业的人才培养。

中国再制造50人论坛 张伟 秘书长

2024年1月

前言

近年来，伴随着人工智能和3D打印等高新技术的发展，智能再制造行业因契合国家发展循环经济的战略受到政府高度重视。党的二十大报告提出，“要推进美丽中国建设”“加快发展方式绿色转型”“积极稳妥推进碳达峰碳中和”。智能再制造作为再制造产业的创新发展方向，在先进再制造技术广泛应用的基础上，随着自动化技术、深度学习技术、大数据技术、网络技术和半导体技术的发展而逐渐成熟。工信部发布的《高端智能再制造行动计划》指出，大力发展高端智能再制造产业是实现制造强国的重要途径。相应地，国内智能再制造产业的快速发展与应用型人才市场的供求不足之间产生了突出矛盾，这从高等工程教育中培养学生应用能力的实践教学层面提出了新的课题。

基于此，本书瞄准材料科学与工程专业“地方性、应用型、复合型”人才培养的目标，为适应智能再制造行业快速发展的现状，从实训课程开展的必要性、六大类实训课程的内容设置、典型实训基地、常用材料分析软件的使用等方面进行了介绍。其中，六大类实训课程知识紧扣智能再制造全生命周期这一主线，从材料失效分析、逆向设计与增材制造、材料表面工程、金属材料热处理、材料测试分析和典型零部件再制造等方面选取了工程实践中的常用内容，为相关专业本科生理论课程学习和实训实习类实践课程提供参考。

本书第1、第6章由刘明霞编写，第2、第4、第5章由畅庚榕编写，第3章由余文涛编写，第7章由孟瑜编写，第8、第9章由刘明霞和孟瑜共同编写，部分图片由西安文理学院本科生梁凯、窦文萱、马贝、徐伟路绘制，部分视频由西安文理学院本科生蔡宇宁、张成城、邹诗沿制作，全书由刘明霞统稿。在此对所有参与编写的老师和同学表示衷心感谢。

本书在编写过程中得到了西安交通大学徐可为教授和马飞教授的指导和支持，以及西安文理学院机械与材料工程学院领导和同仁的无私帮助，同时得到了陕西省表面工程与再制造重点实验室、西安市智能增材制造重点实验室、西安市植入器械成形与优化重点实验室、西安陕鼓动力股份有限公司、陕西天元智能再制造股份有限公司、西安泵阀总厂有限公司、西安中科中美激光科技有限公司、陕西华威科技股份有限公司、西安嘉业航空科技有限公司、西安匠心云涂科技有限公司等单位的大力支持，在此一并表示感谢。

由于编者水平有限，书中的纸漏和不足之处，敬请广大读者批评指正。

编　者

2023 年 8 月

目录

第1章 概　　述

1.1 智能再制造

21 世纪以来，维护生态安全、促进循环经济建设，并实施绿色发展已成为我国重要的战略部署。党的二十大报告提出，要深入推进美丽中国建设，加快发展方式绿色转型，积极稳妥推进碳达峰碳中和。其中，探索有效处理失效机电产品的新方法以降低能耗、减轻污染成为我国实现环境友好型和资源节约型强国所面临的新课题。

再制造是指产品结束使用过程之后，通过回购、拆解、修复、再利用及材料利用的全过程。作为我国战略性新兴产业，再制造产业是绿色制造的重要组成部分，是实现节能减排和促进循环经济发展的有效途径。

装备再制造技术国防科技重点实验室徐滨士院士曾指出，中国特色的再制造源于 20 世纪改革开放初期兴起的维修工程，而后在纳米电刷镀、高效能超音速等离子喷涂和增材再制造成形等表面工程技术不断创新的基础上持续发展，形成了以“尺寸恢复”和“性能提升”为特色的再制造成形模式；以基于零件再制造前剩余寿命与再制造后延期寿命的全寿命周期理论为特色的寿命评估与预测模式；以再制造产品质量特性不低于原型新品为前提，形成了高效益特色绿色模式。中国特色的再制造有利于促进资源节约型和环境友好型社会发展，达到成本为新品的 50%、节能 60%、节材 70%、减排 80%的绿色化。

智能再制造在传统再制造的基础上与智能制造深度融合，将新一代信息技术运用到回收、生产、管理、服务等各环节。智能再制造作为再制造技术与智能技术的有机结合（见图 1-1），是面向产品全寿命周期，实现信息化技术支撑下的个性化再制造，是建立在再制造加工、神经传感、网络互联、自动化和深度学习等先进技术基础上，通过智能化的感知、交互、决策和执行，将智能决策贯穿于产品全寿命周期内，实现再制造工艺过程及流程的智能化。

党的二十大报告提出，推动经济社会发展绿色化、低碳化是实现高质量发展的关键环节。近年来，伴随着人工智能和 3D 打印等高新技术的发展，智能再制造行业因高度契合国家循环经济发展战略受到政府高度重视。《中国制造 2025》提出全面推行绿色制造，大力发展再制造产业，实施高端再制造、智能再制造。国家发改委等 14 个部委联合印发《循环发展引领行动》进一步对再制造行业发展指明方向。工业和信息化部发布《高端智能再制造行动计划（2018—2020 年）》，指出我国将加大增材制造、特种材料、智能加工、无损检测等绿色基础共性技术在再制造领域的应用。

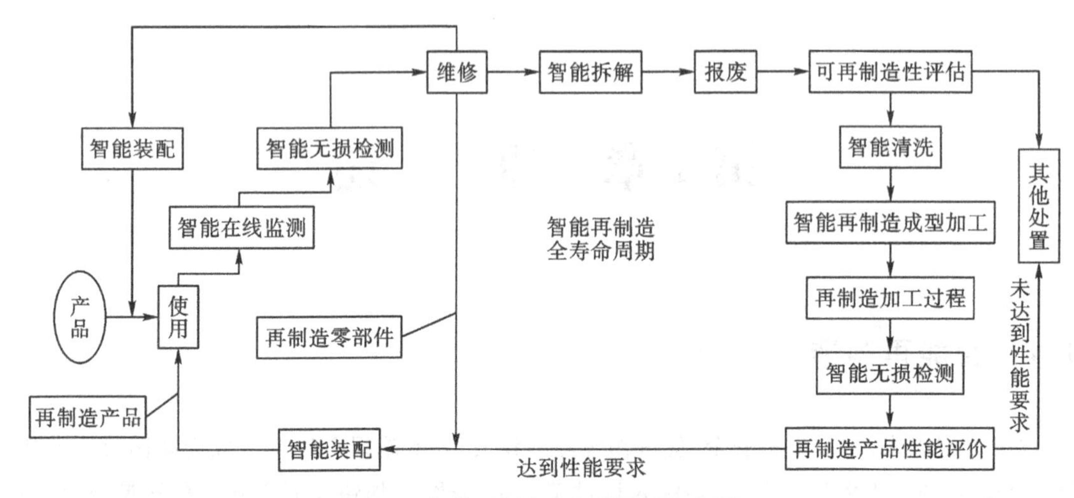

图 1-1　智能再制造全寿命周期体系图解

1.1.1　智能再制造工程

智能再制造工程涉及的具体行业领域很多，如石油、煤炭、化工、钢铁等，具体领域中涉及的表面工程和再制造技术门类较多，如热喷涂、堆焊、物理气相沉积、化学气相沉积、微弧氧化、激光淬火、激光合金化、激光熔覆等，工业流程以绿色制造为特色，技术实施对象往往是附加值非常高的高端装备用关键零部件，具有可维护和可回收特性。同时，很多工程领域应用的再制造技术具有行业普适性和代表性，再制造人才的需求具有较强的通用性。由于涉及逆向设计、快速成型、表面强化、无损检测等多个环节，因此对智能再制造从业人员的综合素质，特别是实践动手和创新能力的需求更高。

1.1.2　智能再制造理论

研究智能再制造的关键科学问题，实现智能再制造核心技术的源头创新，契合国家可持续发展的迫切需求，符合国家的重大战略目标。近年来，我国相关领域学者在智能再制造基础理论与关键技术方面取得了源头创新成果，突破了制约智能再制造产业化进程的基础理论瓶颈，推动了我国智能再制造产业健康快速发展，其主要深入研究再制造领域中涉及机械、材料、力学、物理、化学及数学等多学科交叉的重大关键科学问题，建立起了再制造的理论体系。

智能再制造理论体系主要包括再制造对象跨尺度损伤演变规律及可再制造性评价理论、再制造毛坯的键离/键合形状、性能调控基础、再制造产品的服役安全与再制造过程的综合决策等科学问题，依据上述科学问题，具体的理论包括：

(1)再制造对象的多强场、跨尺度损伤行为与机理，可再制造的临界阈值；

(2)再制造毛坯的键离/解离原理与性能调控;

(3)再制造毛坯的键合/嵌合机理与实现;

(4)再制造零件的表面/界面行为与机理;

(5)再制造零件的寿命预测与再制造产品的服役安全验证;

(6)再制造过程的决策支持与综合评价理论。

随着越来越多的再制造机械装备进入服役周期,极大地促进了人们对再制造基础科学问题的研究,使得机械装备再制造研究走向机电集成化、计算机仿真化、跨学科化和全生命周期化,形成了专门应用于机械装备再制造的理论与方法。智能再制造理论研究主要旨在围绕机械装备再制造过程中确定能否再制造、再制造的预处理工艺技术、再制造工艺技术、再制造零件表面工艺特性表征、再制造产品的服役安全验证、再制造产业的全生命周期评价模型等技术问题,以及对再制造毛坯的损伤容限与临界阈值、绿色清洗、微裂纹止裂愈合、熔覆与成形、表/界面结构、寿命预测与服役安全、技术经济评价与主动再制造等方面开展研究。目前,随着增材制造、特种材料、智能加工、无损检测等绿色基础共性技术在再制造领域的应用,积极推进了高端智能再制造关键工艺技术装备研发的应用与产业化推广,推动了形成再制造生产与新品设计制造之间的有效反哺互动机制,逐步完善了产业协同发展体系,加强了标准研制和评价机制建设,促进了再制造产业不断发展壮大。展望未来,新材料、新工艺、新技术以及人工智能、云计算、大数据、物联网等新技术也必将重塑机械装备高端智能再制造行业的新格局。

1.1.3　智能再制造流程

智能再制造流程包括废旧零部件初步检验、拆解、清洗、分类检测、评估、设计、再制造加工、性能检测等步骤,其中的零部件清洗和再制造加工是最为关键的步骤,再制造流程如图 1-2所示。再制造加工技术是再制造产品生产中的核心步骤,对于保证再制造产品质量、降低生产成本具有重要意义。整个再制造加工流程就是对有缺陷、部分损坏的零件进行修复、再加工的过程。

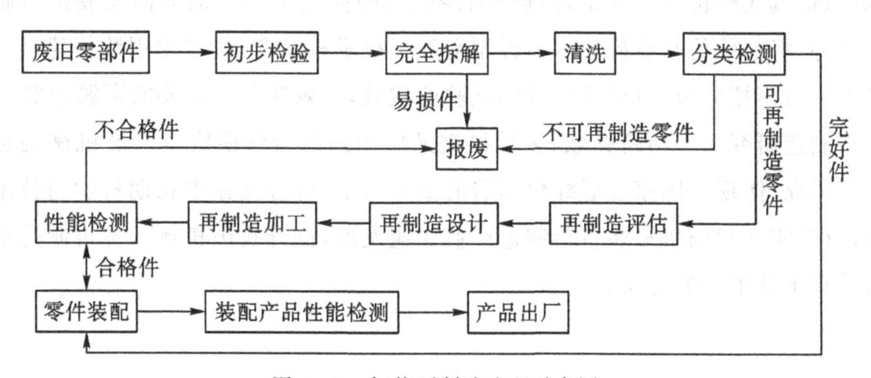

图 1-2　智能再制造流程示意图

根据零件的损伤形式将再制造加工技术分为面向表面失效的再制造加工技术和面向结构损伤的再制造加工技术。其中，面向表面失效的再制造加工技术，是对因磨损和腐蚀等发生表面失效的零部件进行喷涂、涂覆、电镀等操作的加工技术；面向结构损伤的再制造加工技术的加工对象主要是因零件结构改变而失效的零件，其加工方法可分为增材再制造加工和减材再制造加工。当零件表面堆积大量碳化物或金属氧化物时，零件的结构尺寸发生较大变化，需采用机加工、磁粒研磨加工等减材再制造加工方法；而当零件因高负荷或冲击发生断裂或变形时，需采用激光熔覆、焊接等增材再制造加工方法对零件进行修补。

国内再制造产业目前处于发展阶段，面临行业标准不规范、再制造加工技术不成熟、再制造产品质量良莠不齐等诸多问题。但随着未来技术的革新，再制造加工技术仍具有良好的发展前景，其发展趋势包括：

(1)加工技术的多样化和复合化。伴随着再制造产业的蓬勃发展，新的再制造加工技术不断涌现，再制造加工技术已不再局限于早期的换件法和尺寸修理法，新的热喷涂、冷喷涂、激光熔覆、激光焊接等加工方法已成功应用于再制造加工领域，并取得了良好效果。每一种加工技术都有其独特的优势与局限性，未来，集多种再制造加工技术优势于一身的复合加工工艺必会使再制造工艺稳定性和再制造产品质量进一步提高。

(2)加工装备的智能化、自动化及集成化。随着工业自动化和智能机器人产业的发展，再制造加工设备也逐渐趋向于智能化和集成化。以智能化装备为载体，将各种再制造加工技术与工业自动化相结合，可以有效提高加工效率，并大大降低再制造成本。诸如零部件清洗检测生产线、加工过程中材料的自动填充和无人操作的加工平台等，必将使整个再制造加工过程变得更高效和简单。

(3)高性能涂覆材料的研究。使用的修补材料的性能往往决定再制造产品的质量，这对于喷涂和激光熔覆两种技术尤为明显。涂层和熔覆层的原材料往往采用性能优良的合金或非金属粉末，要求金属粉末具有高耐磨性、高耐腐蚀性、高球形和高稳定性，而目前国内使用的高性能合金粉末多数依赖进口。因此，打破高性能涂覆材料的技术壁垒，对于降低再制造加工成本和提高再制造产品质量具有重要意义。

(4)数值仿真建模优化。加工过程中的经验判断向定量分析的方向发展是再制造加工中的重要趋势，将数值仿真建模技术与再制造加工技术相结合，通过使用数值建模仿真软件对加工过程进行模拟分析，可以减少基础试验的次数，有效避免不必要的资源浪费。

智能再制造研究是一项跨领域、多学科交叉应用的综合性研究。开展机械装备智能再制造的相关研究，体现了国家发展绿色制造的重大需求，符合国家中长期科学与技术发展的战略方针，对于实现我国机械装备再制造产业快速发展，提升我国机械装备再制造水平与国际竞争力具有十分重要的意义。

1.1.4　可再制造性评价

可再制造性评价是智能再制造过程中的重要环节，是指在规定的条件下，考虑技术、经济、环境等因素，在先进的再制造技术的作用下，再制造对象的服役性能达到预期要求的能力，是决定其再制造价值的关键。机械装备可再制造性评价标准可以概括为再制造对象自身状态是否符合再制造要求，再制造的技术条件是否高效、高质量并满足再制造要求，再制造过程中的经济效益是否合理，再制造过程中对环境产生的污染是否达标等。可再制造性评价在再制造过程中起着“承上启下”的作用，如图 1－3 所示：“承上”是对再制造对象进行一个筛选，使不合格的对象退出再制造流程；“启下”是通过可再制造性评价的定量表征来保证进入再制造流程的机械装备能够满足再制造的要求。

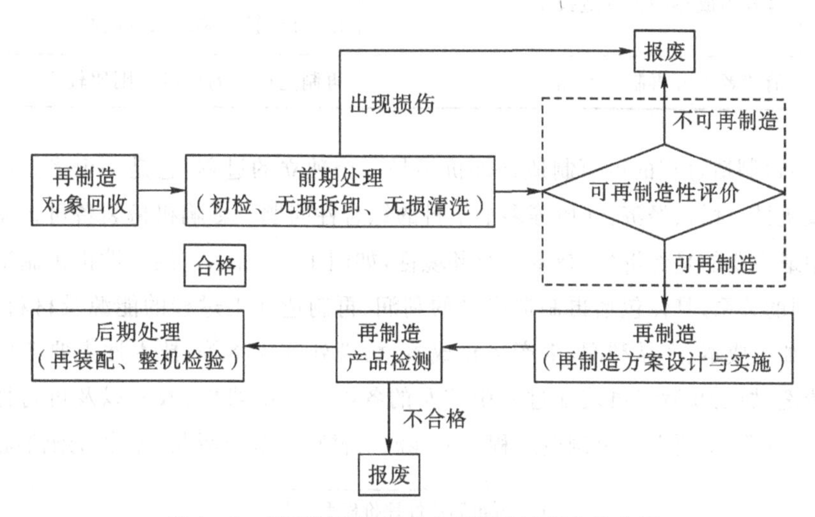

图 1－3　可再制造性评价在再制造过程中的位置

可再制造性评价是机械装备再制造工程的重要组成部分，关系到再制造产品的服役安全性与可靠性。由于机械装备再制造的特殊性，使得可再制造性评价面临众多挑战。可再制造性评价的基本准则是决定其能否再制造的基础条件。美国学者对大量再制造案例进行分析与研究，总结出废旧机电产品需要满足的可再制造准则，具体见表 1－1。这些准则是筛选再制造对象的一种“限制”条件，只有满足该准则的废旧机械装备才有可能成为再制造对象，随着人们认识的深入，可再制造基本准则也在不断完善和调整。

表 1－1　可再制造基本准则

序号	条件	内涵
1	再制造对象是耐用产品	必须是能够长时间服役的机电产品，例如叶片、曲轴、缸盖

续表

序号	条件	内涵
2	再制造对象的功能已丧失	不能继续服役或剩余的服役功能不满足一个服役周期的要求
3	再制造对象的新品是按照标准化要求生产的	具有一定的工艺标准与流程，有互换性
4	再制造对象的附加值高	新品的成本高、加工复杂，再制造后能够明显降低生产成本
5	获得再制造对象的成本较低	再制造对象应用广泛
6	有较为成熟的再制造技术	进行再制造过程中所涉及的工艺及技术稳定，有比较明确的技术路线
7	消费者了解再制造产品	再制造产品的认可范围比较广

面向智能再制造过程的可再制造性评价不是一个独立的过程，它是一个多目标、多层次、多维度，涉及机械、材料、经济、环境等多个学科的综合性问题。影响机械装备可再制造性的因素较多，其中最主要的是经济性、技术性及环境性，如图 1－4 所示。经济性指再制造过程中成本与利润之间的关系，具体包括再制造产品的利润、再制造加工过程的能源及材料消耗、废旧件的利用率、加工成本、产品利润、生产经营成本、污染处理成本等；技术性主要考虑再制造对象在拆解、清洗、加工及后续再装配过程中涉及的各类技术的难度、效率以及可行性；环境性，也可以称为绿色性，主要考察再制造过程中的能源及材料的节约情况、环境污染情况等。

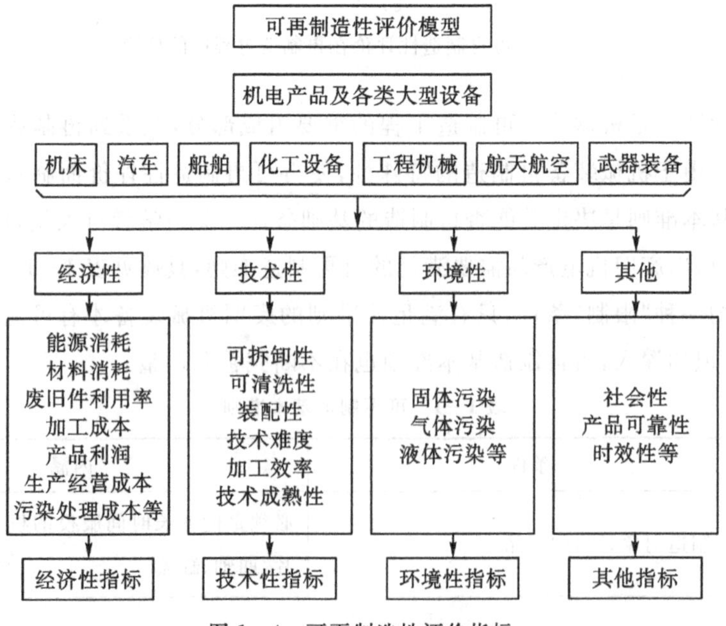

图 1－4　可再制造性评价指标

1.1.5　智能再制造技术体系

智能再制造技术体系涵盖再制造全流程相关智能技术，主要包括再制造智能信息管理及识别技术、智能再制造成形加工技术、再制造智能拆解清洗技术、再制造智能在线监测技术及再制造智能无损检测技术，是学科交叉融合、产业相互协作的综合体系，其信息交互及生产流程关系如图 1－5 所示。

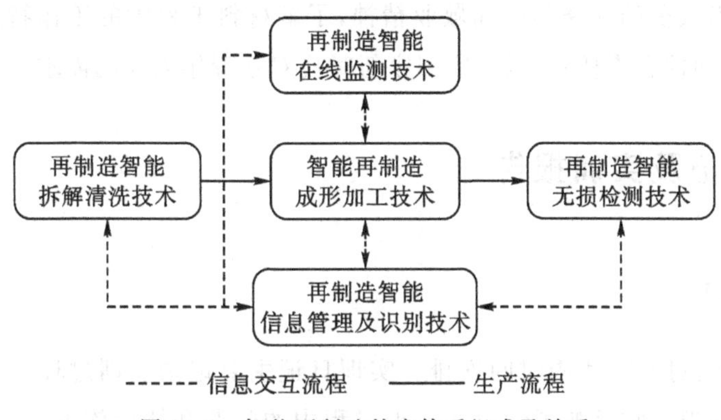

图 1－5　智能再制造技术体系组成及关系

智能信息管理与识别是智能化技术的核心，是再制造全量信息提取的源头和处理中枢；而智能再制造成形加工技术、再制造智能拆解清洗技术、再制造智能在线监测技术、再制造智能无损检测技术是把再制造全流程技术与信息的全面融合并使用先进控制技术进行自动化实施。

1.2　综合实训项目

实践教学是培养应用型人才的重要环节。在高等院校人才培养中，学生理论水平和认知能力的提高，主要取决于实践动手能力和创新能力的培养。为进一步提升学生综合素养，保证实践教学效果，有必要在课堂教学和课程设计基础上，开设系列化专业的综合实训课程。面向智能再制造行业，本书依据智能再制造全生命周期管理特点，设计了六大综合实训板块，包括材料失效分析、逆向设计与增材制造、材料表面工程、金属材料热处理、材料测试分析和典型零部件再制造综合实训，以期全面提升学生工程实践能力。

1.3　实训目的

(1)培养学生掌握理论与实践相结合的工程实践能力，使其得以全方面发展。通过系列化综合实训课程的学习，学生学会全面、辩证地看待问题，善于发现和分析问题，并能掌握智能再制造行业的产业特点,总结归纳学习方法,通过实训实践,能进一步巩固和深化所学的专业理论知识,弥补理论教学的不足,提高教学质量。

(2)通过实训,特别是采用产教融合实训基地的项目式课题进行引导,学生将深入了解企业技术特色、新技术的应用、设备用途、产品行业应用特色等情况,进一步提高对智能再制造行业相关的材料生产和加工行业的认识,加深对材料的内在结构、加工工艺以及最终使用性能的理解。通过实训,接触和认识行业动态,提高社会交往能力和团队合作能力,学习企业工人和工程技术人员的优秀品质和敬业精神,了解材料工程师的工作特点和应具备的素质,培养专业素质和社会责任感,以适应国家新时代对新青年人才的需求。

1.4 实训日记及实训报告

1.4.1 实训日记

实训课程一般按照 2～4 周时间安排。实训日记主要记录实训过程中每天所观察到的内容和学习到的知识。它反映了学生在实训过程中的收获和体会深度,直接反映了实训课程的学习效果。因此,要求学生每天必须认真如实记录,建议在实训现场实地记录,现场不具备记录条件的应尽量于当天结束实习任务后及时补记,以免遗忘和疏漏。记录形式可采用图示和表格,内容包括但不限于以下:

(1)实验流程设计;

(2)再制造样件服役背景及性能指标;

(3)原材料的组成和配比;

(4)加工工艺及设备型号和特点;

(5)检测分析方法及设备参数;

(6)注意事项;

(7)问题及处理。

1.4.2 实训报告

实训报告采用统一要求设计的封面,用 A4 纸按规定格式撰写,提交电子文档和纸质签字版,其内容应包含以下 6 部分:

(1)实训基本信息,名称、地点、时间;

(2)实训任务书;

(3)实训目的及要求;

(4)实训实验具体采用的再制造技术方法和原理、材料的加工和处理过程、样品的质量检测过程和方法、样品微结构和性能评价方法及结果分析;

(5)本次实训的成果总结及主要结论;

(6)本次实训的体会及学习收获。

1.4.3 实训报告的装订

实训报告的装订顺序:封面、任务书、目录、正文、参考文献、致谢。要求采用A4纸竖装。

封面内容包括学校、院系、专业、年级、学生姓名、学号、实训报告题目、校内(外)指导教师、地点、时间等。

1.5 实训考核方法

实训结束后,由实训指导教师根据整个实训过程中不定期考察学生在实训中的表现,如出勤情况、实训态度、行为举止等,以及记录的实训日记内容,结合撰写的实训报告质量进行综合评定。另外,成绩评定可参考校外指导教师和同组学生的评语和评分,但成绩评定以校内指导教师为主。

第2章　材料失效分析综合实训

2.1　失效分析与再制造关系

失效分析是指事故发生后的分析，是判断零部件产品的失效模式、查找产品失效原因和机理、提出预防再失效对策的技术活动。失效分析与装备再制造关系密切，是再制造工程的重要基础和前提，也是装备再制造过程中制定合理方案的重要保障。再制造工程是失效分析的结果与发展，转化为生产力可以延长装备零部件的服役性能，防止或延缓同类失效的发生。失效分析与零件再制造的一般过程可以简单描述为在评价装备或其零部件具有可再制造的基础上，根据失效模式和服役条件，制定出合理的再制造方案，采用再制造先进技术对失效装备零部件进行再制造及性能升级，并对再制造零部件的服役性能和寿命做出预测。

2.1.1　失效分析的内容和方法

失效分析的主要内容包括明确分析对象、熟悉服役环境、确定失效模式、研究失效机理、判定失效原因、提出预防措施（包括设计和改进）、制定具体失效分析步骤和方法。

失效分析一般按照技术观点、质量管理和经济法观点进行分类。按技术观点进行分类便于对失效进行机理研究、分析诊断和采取预防对策；按质量管理的观点进行分类便于管理和反馈；按经济法的观点进行分类便于事后处理。

按技术观点的分类，失效分析讨论包括失效模式和失效机理。失效模式是指失效的外在宏观表现形式和规律，一般可理解为失效的性质和类型。失效机理则是引起失效微观的物理化学变化过程和本质。按失效模式和失效机理相结合对失效进行分类就是宏观与微观相结合、由表及里地揭示失效的物理本质的过程，它是一种重要的研究方法。

基于失效的技术观点，常用的失效分析方法有两类：一类是以残骸（零件）为对象；一类是以安全系统工程为对象，以失效系统（设备、装置）为范畴。前者以物理和化学的方法为主，着眼于“微观”，后者则以统计、图表和逻辑的方法为主，立足于“宏观”。

2.1.2　失效分析应遵循的原则

失效分析最为关键的一步是失效原因的诊断，它不仅是失效分析和失效预防的针对性和有效性的重要前提和基础，而且它常与酿成失效事故的责任部门和人员相联系。因此，失效分析工作一定要有科学、客观、公正的态度，必须坚持以下原则：

(1)实事求是的工作态度，公正、中立，不受外界影响；

(2)根据需要确定分析的深度和范围，从而采取相应的技术路线和分析程序；

(3)要全面地看待问题，避免技术上的局限性；

(4)详细调查现场情况，掌握第一手资料；

(5)认真制定失效分析程序；

(6)制定正确的取样方案；

(7)坚持"四要"原则，即分析数据要可靠、判断论据要充分、下结论要慎重、预防措施要可行。

2.1.3　失效分析的一般程序

一般的失效分析应遵循以下程序。

1. 调查现场失效信息

调查是整个失效分析工作的基础和前提，一般以失效现场为出发点，通过观察和现场试验等手段，全面、系统和客观地收集失效对象、失效现象和失效环境等失效信息。调查时应做好必要的记录和照相，必要时还应反复调查。

如果是发生在工厂里的失效事件，最重要的一步是应详细询问有关人员，直到已经确切地了解到事故全貌、事故发生的过程及各种异常情况。应尽量确定设备的实际操作工况，如时间、温度、电流、电压、载荷、湿度、压力、润滑剂、材料、操作程序、位移、腐蚀性介质、振动等，比较实际操作工况和设计参数之间的区别。应该特别注意对设备的操作会产生影响的每一个细节。

2. 初步确定肇事失效件

根据失效系统的结构特点、工作原理和相关的痕迹特征、失效件的失效特征，运用逻辑推理的思维方法，确定肇事失效件。

在事故现场对有关的破损件进行仔细分析以寻找相关的线索。不要对破损件进行现场清洗，以避免丢失至关重要的信息。准确地记录现场的各种状况，从不同的角度对失效件和周围的状况进行拍照以保存证据。根据有关的现状和症状，确定零部件失效起始的位置——初始失效，及随后的一系列失效顺序。

3. 确定具体的分析思路和工作程序

如果以前曾经发生过类似的失效事件，应按类比推理的思路和程序进行分析；对首次发生的失效事件，应按逻辑推理的思路和程序进行分析。

4. 初步判断肇事件的失效模式

根据失效件的宏观特征、微观特征、痕迹特征、结构特点、材料特性、环境条件、工作原理和受力状态等信息，分析确定失效模式。

5. 查找失效原因

查找失效原因是失效分析中最为复杂的一个环节。根据失效模式所指明的方向，围绕失效模式所涉及的原因，从内因和外因两方面寻找。

对初始失效件进行检查和分析。如有没有腐蚀？表面或断口上是否有腐蚀产物？如果有，如何提取此类产物进行必要的分析？如何进行必要的清洗，并用体视镜观察断口？断口的形状有什么特征，有没有宏观的塑性变形，断口的裂源位于什么位置等。确定零部件上的工作应力状况和设计的工作状况有什么区别？断口上是否有其他的裂纹或可疑的信号？应拍照记录，妥善保存，以供参考。

对失效的零部件进行取样后，需进行详细的材料理化分析。采用现代化学分析、金相组织和形貌检测技术可检测出会严重影响材料性能并导致失效的材料化学成分或组织上的细微偏差，并确定失效类型和导致失效的作用应力。仔细对待每一步的工作，确保有关的问题已经得到明确的答案。

6. 模拟再现（可选择进行）

根据找到的可能原因，在同样的系统和工况条件下进行现场模拟实验，应能将失效事件再现。同类系统的普查也可看作是失效事件的模拟再现。这方面的工作可根据需要选择。

7. 综合分析

在上述工作基础上，对整个失效事件进行综合性地系统分析，从而得出失效分析的结论。

8. 总结报告

这是失效分析最后一个程序。总结时要对整个失效过程进行回顾，从总体上审视失效分析全过程，发现问题，弥补不足，回答失效分析所赋予的使命，并提出预防再失效的建议，最后形成失效分析报告。

失效分析的实施步骤和程序旨在保证失效分析顺利有效地进行，因此其细节的制定应根据失效零件的具体情况、失效分析的目的与要求来决定。图 2-1 所示为失效分析实施关键步骤流程图。

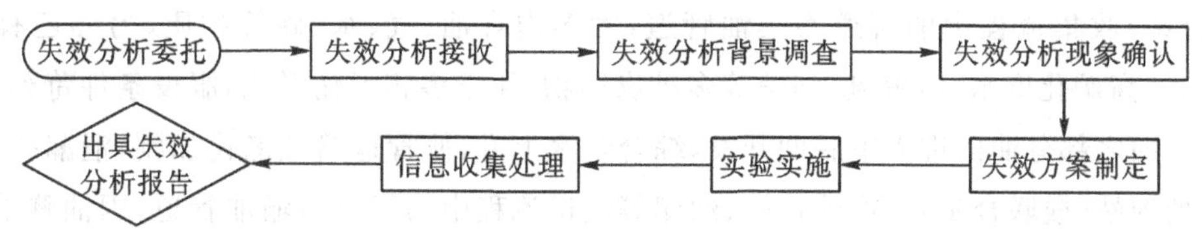

图 2-1　失效分析实施关键步骤流程图

2.2　油气集输管线腐蚀失效分析

油田进入中后期开发阶段，采出液中含水率会不断升高，造成地面管道内腐蚀加剧。管道内腐蚀穿孔，不仅会引起介质泄漏、造成较大的经济损失，还会污染环境，甚至引发火灾，严重影响油田正常生产。为延长管道使用寿命，必须首先开展集输管线腐蚀原因分析，这对于降低管道运行风险、延长地面管道使用寿命、保障管道安全生产，具有十分重要的意义。

2.2.1　实验目的与设备

1. 实验目的

(1)熟悉石油管道零部件的服役环境；

(2)掌握腐蚀失效类零部件失效分析的流程；

(3)掌握腐蚀介质成分、腐蚀产物形貌及成分分析方法；

(4)了解腐蚀类零部件的失效预防方法。

2. 实验设备及材料

(1)实验设备与仪器：金相显微镜、水质分析仪、扫描电子显微镜、能谱仪、拉伸试验机；

(2)实验材料：采出液、腐蚀失效的管段材料(在管件未穿孔部位和穿孔处附近分别取样)。

2.2.2　实验内容及原理

1. 失效管段现场分析

原油集输管道是油田连续传送介质的重要基础设施，广泛应用于采油井场、增压点、计量站、联合站、集中处理站、输油站、商业储备库等站场间。大部分老油田管道服役已接近或超过 30 年，受腐蚀等因素影响，逐步进入事故多发期，一旦发生失效泄漏，极易引发火灾、爆炸等事故，造成人员伤亡、环境污染及经济损失。开展集输管道泄漏失效与风险防控的管理和技术措施研究，对隐患管段实施修补、更换等治理措施，显得十分必要。

原油集输管道通常可以分为集油管道和输油管道两种类型，从采油井场至集中处理站

(或联合站)收集流程中的管道为集油管道,大多内含油、气、水、砂等物质,另外还有微量H_2S、CO_2、高矿化度水、溶解氧、细菌等多种腐蚀物,属于多相混输形式,服役条件苛刻,受腐蚀严重。加之部分油田进入中后期开发,综合含水上升,使管道腐蚀老化加剧,泄漏率增高。由集中处理站(或联合站)至输油首站、油库等输送流程中的管道为输油管道,因油藏采出的原油经过加温、分离、沉降、稳定等地面处理工艺后变为净化原油,基本属于单相外输,所以管道内壁腐蚀相对较小。但管道外部土壤酸碱性会造成外防腐层逐年质变老化,通过点蚀等形式向内蚕食管壁,最终导致泄漏失效,如图 2-2 所示

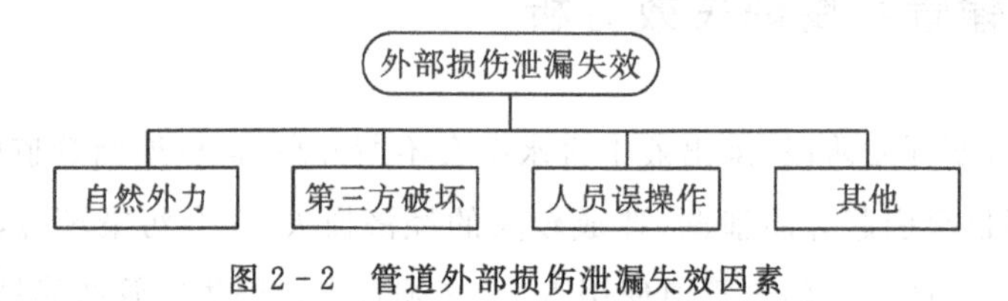

图 2-2　管道外部损伤泄漏失效因素

2. 失效管段腐蚀形貌分析

将腐蚀管段切开,观察管段内原始腐蚀形貌,然后打磨除锈,再观察管段内的表面腐蚀形貌。典型的结果如图 2-3 所示。

(a) 未处理　　(b) 打磨后

图 2-3　失效管段表面形貌照片示例

3. 失效管段管材金相组织分析

在管件腐蚀穿孔处和未腐蚀穿孔处分别取样,依据 GB/T 13298—2015《金属显微组织检验方法》、GB/T 6394—2017《金属平均晶粒度测定方法》和 GB/T 10561—2005《钢中非金属夹杂物含量的测定一标准评级图显微检验法》,对腐蚀穿孔处和未腐蚀穿孔处的金相组织及非金属夹杂物进行分析。

4. 失效管段管材力学性能分析

使用拉伸试验机对失效管件进行静拉伸试验,测试应力-应变曲线,分析材料的屈服强度、抗拉强度、硬度及断面收缩率。拉伸试样如图 2-4 所示。

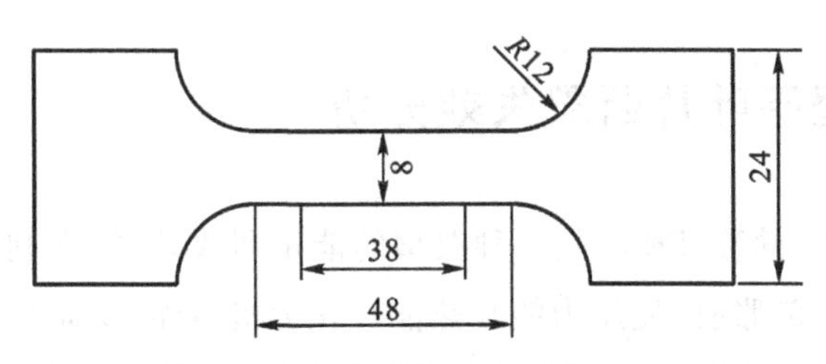

图2-4　拉伸试样尺寸(单位:mm)

采用扫描电镜对管段的腐蚀产物进行微观形貌分析,采用能谱分析仪对腐蚀产物进行化学元素组成分析。

5.腐蚀介质分析

使用水质分析仪对现场所取的采出液,进行化学成分分析和主要腐蚀参量测试,测试项目包括溶解氧含量、pH值、矿化度、电导率等。

6.腐蚀产物分析

采用扫描电镜对管体试样表面进行微观形貌分析,重点观察失效腐蚀样品表面的沉积物,对腐蚀样品表面腐蚀产物进行EDS成分分析,进一步判定腐蚀产物组成。

7.综合判定与分析

结合腐蚀产物形貌及成分分析、腐蚀介质成分分析、管材力学性能分析结果对失效管材的腐蚀原因进行分析。

2.2.3　实训报告要求

实训报告的内容应包括:

(1)实训目的及内容;

(2)实训所用设备及仪器的型号与特性;

(3)石油腐蚀管材失效分析的流程图;

(4)根据所得到的实验数据和分析结果判定管材可能的失效原因,并提出改进建议和表面防护延寿方案。

2.2.4　思考题

(1)油气集输管线常用材料有哪些?常见的腐蚀失效方式和机制有哪些?

(2)针对此类零部件服役的表面防护措施有哪些?

(3)油气集输管线腐蚀失效还会采用哪些失效分析具体方法,对应的分析结果侧重哪些方面?

2.3 能量回收透平叶片断裂失效分析

能量回收透平装置(简称 TRT)是一种典型的能量回收装置,它利用高炉炉顶煤气的余压余热把煤气导入透平膨胀机,使压力能和热能转化为机械能,从而驱动发电机发电。TRT具有能量回收效率高、运行平稳、维护方便、安全可靠等特点,在冶金行业中得到广泛应用,是绿色经济循环发展的重要装备之一。TRT 按照服役工况的不同可分为干式 TRT 和湿式TRT。对于湿式 TRT,由于其服役的高炉煤气中同时含有腐蚀性介质和水汽,因此经常发生叶片的腐蚀、磨损甚至断裂事故。

2.3.1 实验目的与设备

1. 实验目的

(1)熟悉断裂失效类零部件的服役环境;

(2)掌握断裂失效类零部件失效分析的流程;

(3)掌握断裂失效类零部件取样、元素成分、断裂面形貌分析与判断方法;

(4)了解断裂类零部件的失效预防方法。

2. 实验设备及材料

(1)实验设备与仪器:金相显微镜、扫描电子显微镜、能谱仪、拉伸试验机;

(2)实验材料:失效 TRT 叶片。

2.3.2 实验内容及原理

1. 失效叶片的取样

对于存在裂纹且未断裂的叶片样品,取样时应考虑取样位置的典型性和完整性。同时,为后续分析,要兼顾取样方向和样品大小,并做好样品标记。图 2-5 是取样说明示意图。

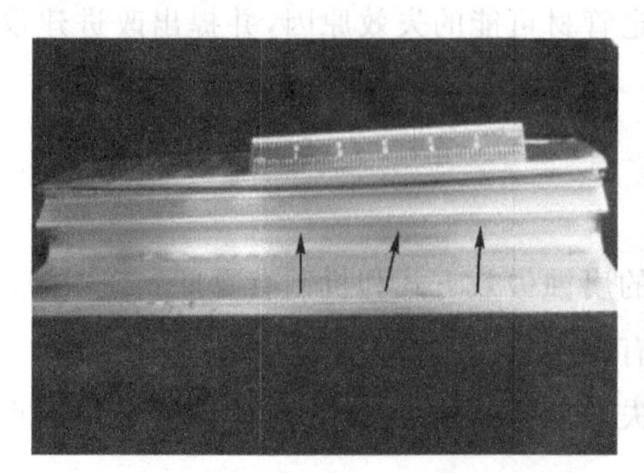

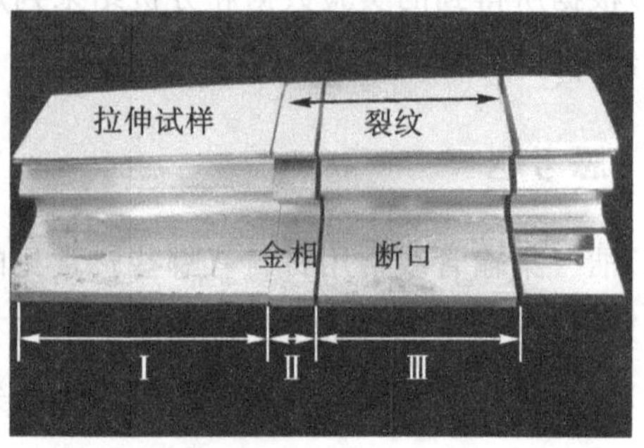

图 2-5 有裂纹叶片叶根的宏观形貌及取样位置示意

沿叶根裂纹处人工打开叶片后，目视可直接观察其断面形貌。图 2－6 给出了典型示意照片。

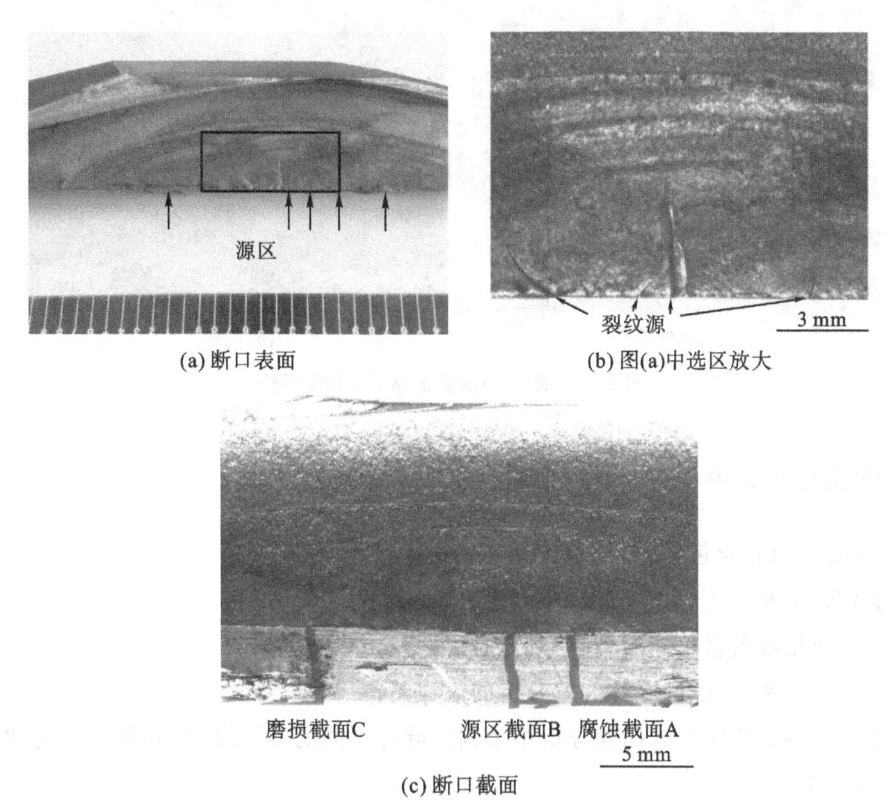

(a) 断口表面　　(b) 图(a)中选区放大

(c) 断口截面

图 2－6　沿裂纹人工打开后的断口宏观形貌

2. 微观形貌与显微组织分析

取样进行金相样品制备，之后采用金相显微镜和扫描电子显微镜观察裂纹的微观形貌与显微组织，重点观察叶根接触表面腐蚀坑和微振磨损区的显微组织，采用扫描电镜对叶片表面处的腐蚀产物进行微观形貌分析，采用能谱分析仪对腐蚀产物进行化学元素组成成分分析。同时进一步观察分析断口处的疲劳裂纹条带特征。图 2－7 是典型的断口裂纹扩展区的 SEM 形貌。

3. 失效叶片材料力学性能分析

使用拉伸试验机对失效叶片材料进行静拉伸试验，测试应力-应变曲线，分析材料的屈服强度、抗拉强度、硬度及断面收缩率。

4. 综合判定与分析

结合断口形貌、可能的腐蚀产物、叶片力学性能分析结果对失效叶片的裂纹产生原因进行分析。

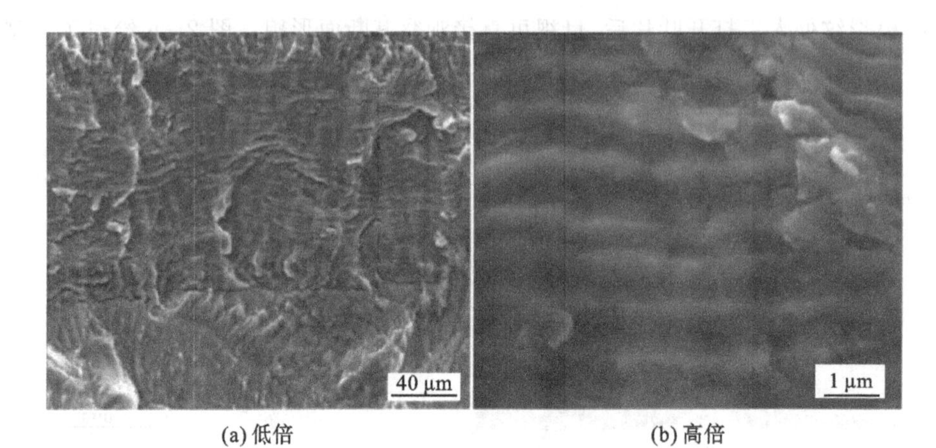

(a) 低倍　　(b) 高倍

图 2-7　断口裂纹扩展区的 SEM 形貌

2.3.3　实训报告要求

实训报告的内容应包括：

(1)实训目的及内容；

(2)实训所用设备及仪器的型号与特性；

(3)叶片服役条件，绘制叶片失效分析的流程图；

(4)根据所得到的实验数据和分析结果判定叶片可能的失效原因，并提出改进建议和表面防护延寿方案。

2.3.4　思考题

(1)能量回收叶片常见的失效方式有哪些？叶片再制造常用技术有哪些？

(2)针对此类零部件服役的裂纹开裂预防措施有哪些？

2.4　工程掘进机滚刀磨损失效分析

隧道掘进机的工作环境是高强度、高硬度的岩石和复杂的地质，刀圈遭受高挤压、大转矩、强冲击和高磨损，因此其对材料的性能要求较高，要有高硬度、高耐磨性、良好的冲击韧性及抗回火性能，以避免刀圈在热装和滚压岩体的过程中硬度降低。据统计，滚动刀具磨损占刀具失效形式的 15%，具体失效行为包括刀圈快速磨损、偏磨、崩刃等。

2.4.1　实验目的与设备

1. 实验目的

(1)熟悉磨损失效类零部件的服役环境；

(2)掌握磨损失效类零部件失效分析的流程；

(3)掌握磨损失效类零部件取样、元素成分、失效面形貌分析与判断方法；

(4)了解磨损类零部件的表面强化方法。

2. 实验设备及材料

(1)实验设备与仪器：金相显微镜、荧光光谱仪、扫描电子显微镜、拉伸试验机、冲击试验机；

(2)实验材料：滚刀刀具异常失效件。

2.4.2　实验内容及原理

1. 失效刀具的宏观形貌分析

对滚刀刀圈的宏观形貌进行目测分析甄别。典型的失效形貌如图 2-8 所示。

(a) 快速磨损失效　　(b) 崩刃失效

图 2-8　滚刀典型非正常损坏形式

2. 金相显微分析

取样进行金相样品制备，采用金相显微镜分析刀具材料的显微组织，采用荧光光谱仪分析刀具材料的化学成分，并与标准组织和成分进行比对。

3. 力学性能分析

利用便携式硬度计分析刀圈径向硬度分布规律，从刀圈刃部开始，依次等距取点测量其硬度值，如图 2-9 所示。同时，取样测试抗拉强度和冲击韧性。

4. 磨损形貌微观分析

利用扫描电子显微镜分析刀圈磨痕显微形貌，重点关注切削槽的微观特征，为磨损失效形式的判定提供依据。

5. 综合判定与分析

结合磨痕形貌、刀圈微观组织结构、化学成分及力学性能分析结果对失效刀具的异常损伤原因进行分析。

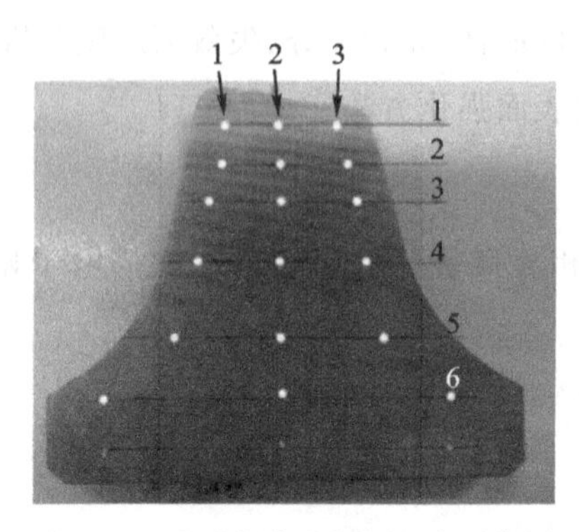

图 2-9 洛氏硬度取样测量点示意图

2.4.3 实训报告要求

实训报告的内容应包括：

(1)实训目的及内容；

(2)实训所用设备及仪器的型号与特性；

(3)刀具服役条件，绘制刀具失效分析的流程图；

(4)根据所得到的实验数据和分析结果判定刀具失效原因和失效机制，并提出改进建议和表面防护延寿方案。

2.4.4 思考题

掘进机刀具常见的失效方式有哪些？其再制造常用技术有哪些？

第3章　逆向设计与增材制造实训

3.1　逆向设计实训

3.1.1　实训目的与基本要求

1. 实训目的

(1)了解逆向设计的原理和采集设备；

(2)掌握金属构件逆向设计点云数据采集与处理方法；

(3)分析数据处理方法对逆向设计精度和准确度的影响。

2. 实训中使用的设备、仪器、材料

(1)实训设备与仪器：美国海克斯康的ROMER系列激光三维扫描仪，Geomagic点云处理软件；

(2)实训材料：叶片样品。

3.1.2　实验原理及内容

1. 逆向扫描

关节臂激光三维扫描仪的操作如图3-1所示；使用Geomagic软件中采集模块中的扫描命令，操作界面如图3-2所示。

图3-1　扫描仪的操作

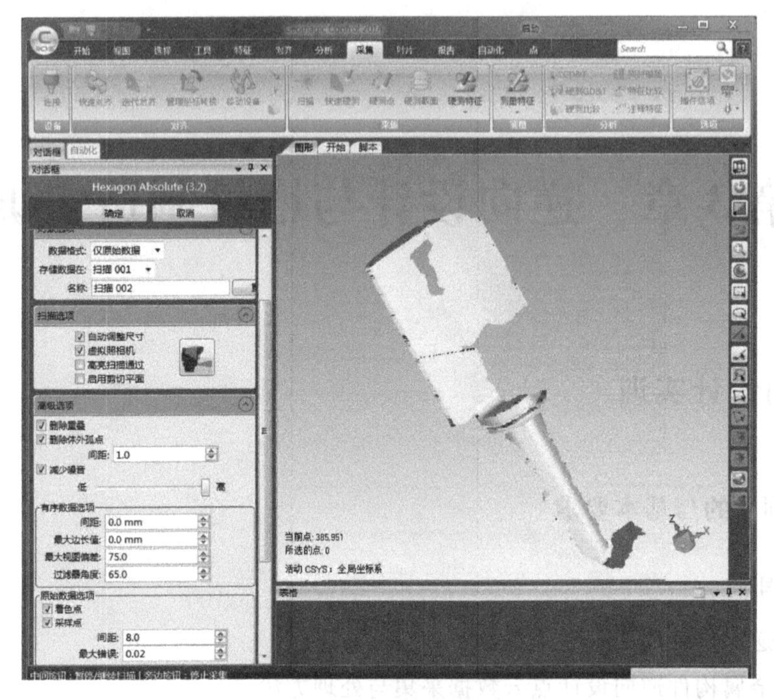

图 3-2　扫描界面

2.点云数据处理

点云数据的处理主要是为了提高和优化一个点云对象(无序的)的质量以利于接下来的检测进程和封装以及后续逆向设计(详见视频 1～视频 4)。

1)联合点对象

采用逐片扫描的点云采集方式,即物体放置不动的情况下,对于物体的某一个方位,每扫描一次会以一片点云数据存储,直到这一物体所放方位所有可以采集的点云数据扫描完毕为止。不同大小的物体扫描次数不同,获得的点云片数也不同,这样就导致导入的原始点云数据并不是一个整体的点云数据,而是一片一片点云组成的一个点云组,为了利于后续的处理就需要执行“联合点对象”命令将若干片点云联合成一个整体的点云数据。

2)统一采样

统一采样是为了简化点云数量,在不移动点的情况下通过设置点间距来减少点云的密度。通过统一采样可以大大简化点云的数量。

3)非连接项

扫描点云的时候经常会包含扫描到远离主点云的孤岛,这种点云被称作非连接项,非连接项点云使用选择“非连接项”命令自动识别并选中,进而删除。如图 3-3 所示,红色部分即为非连接项。

4)体外孤点

体外孤点与非连接项相似，只是体外孤点选择的是单独的点。如图 3－4 所示，红色点云即为体外孤点。

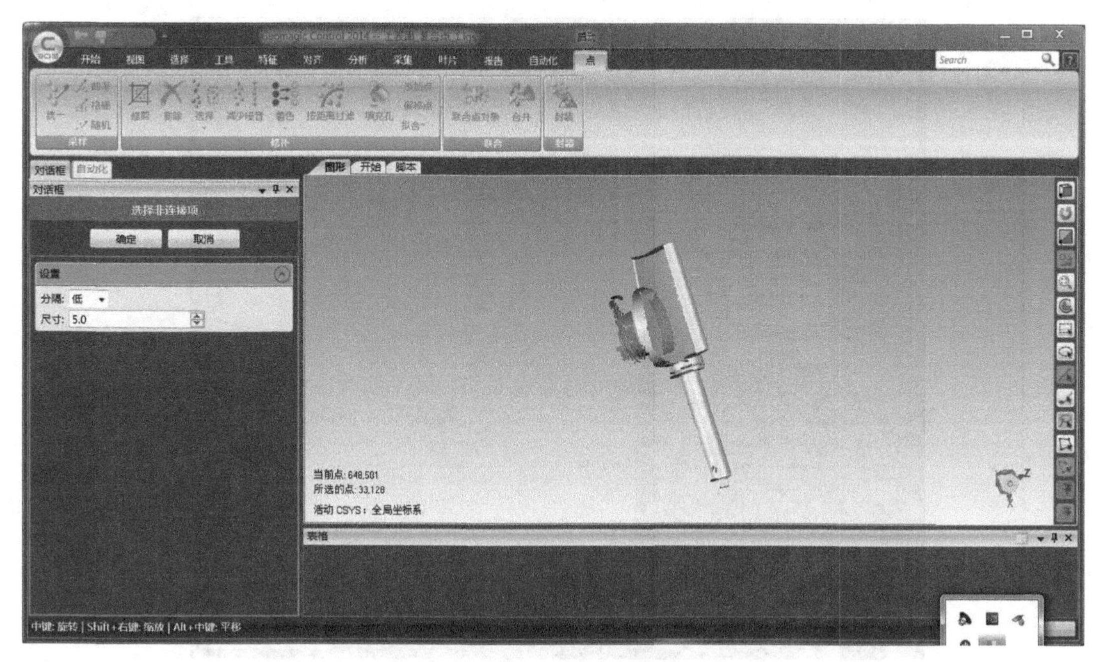

图 3－3　非连接项(看彩图请扫本二维码)

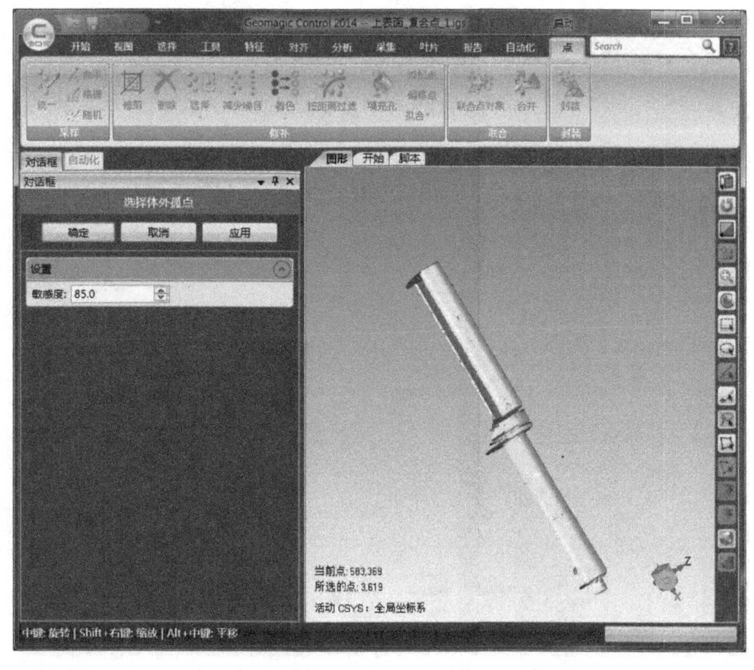

图 3－4　体外孤点(看彩图请扫本二维码)

5)修复法线

通过修复法线命令可重新计算无序点云的法线,使点云数据更整齐,表面看起来更光顺。图 3-5 和图 3-6 分别展示了修复法线之前和修复法线之后的效果。

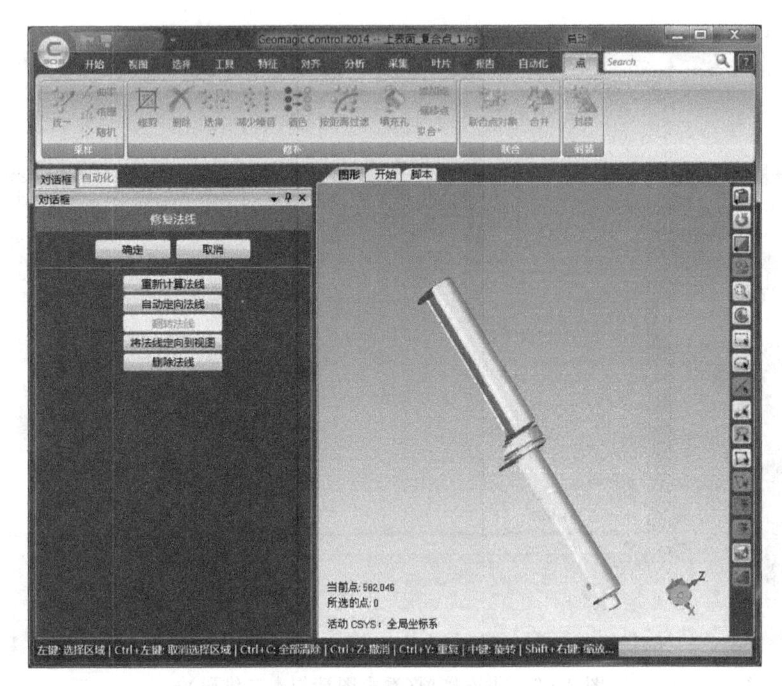

图 3-5　修复法线前

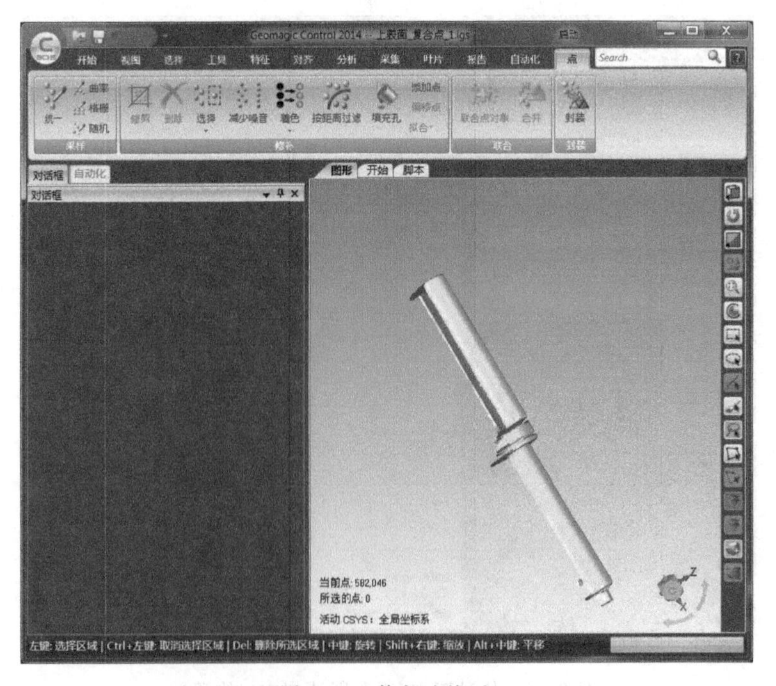

图 3-6　修复法线后

6)注册对齐

获得一个完整的点云数据需要将两个方位扫描到并处理后的点云拼接在一起。未拼接的效果如图 3－7 所示。注册拼接方式主要分为手动注册和全局注册两种。

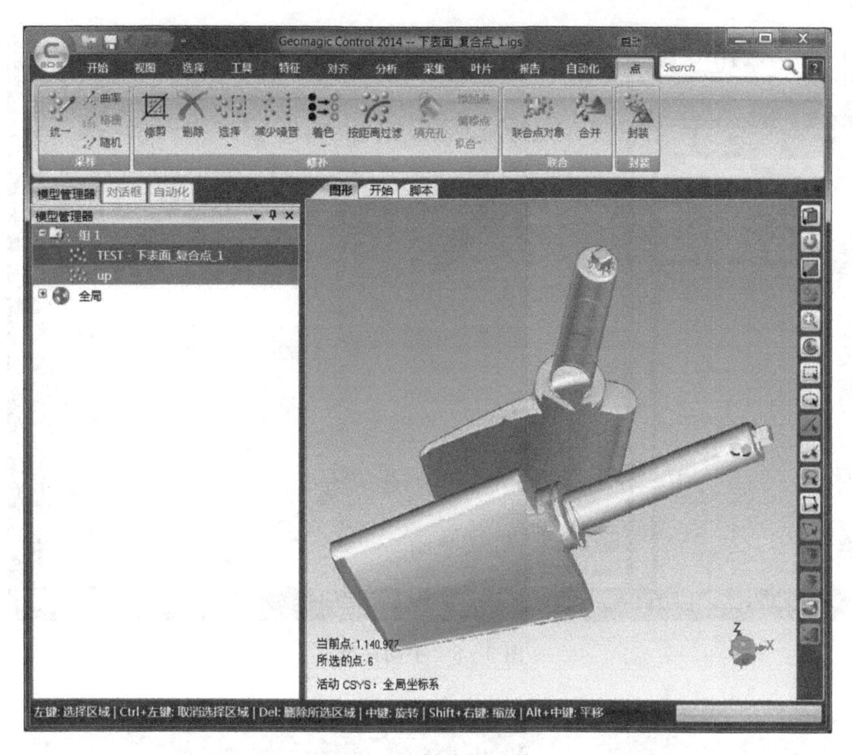

图 3－7　拼接注册前

手动注册操作界面如图 3－8 所示，勾选 N 点注册，然后固定一个方位的点云数据，浮动另外一个方位的点云数据，在两个方位的点云上依次选择二者的公共点，一般选择三个点后就可以大致对齐，然后点选注册器，完成手动注册。选点过程中如果选点不合适导致拼接不理想就要取消操作重新进行手动注册。

全局注册的操作界面如图 3－9 所示，界面中最大迭代数指的是选取两个方位点云的公共点个数。全局注册可以做多次，每次调整最大迭代数的数值。

拼接完成以后，形成一个新的点云数据，如图 3－10 所示，再对此点云数据进行上述部分操作，进一步提高点云质量。如果通过上述操作后仍有明显杂点，可手动将其删除。点云处理完成后就可以进行封装操作。

3. 封装

封装功能是通过在点对象上连接点来创建三角形面片。封装的质量取决于点云的质量。封装一个无序点对象将生成一个大约两倍点云数的三角形，多边形对象的三角形通常是指一个网格。完整叶片点云的封装结果如图 3－11 所示。

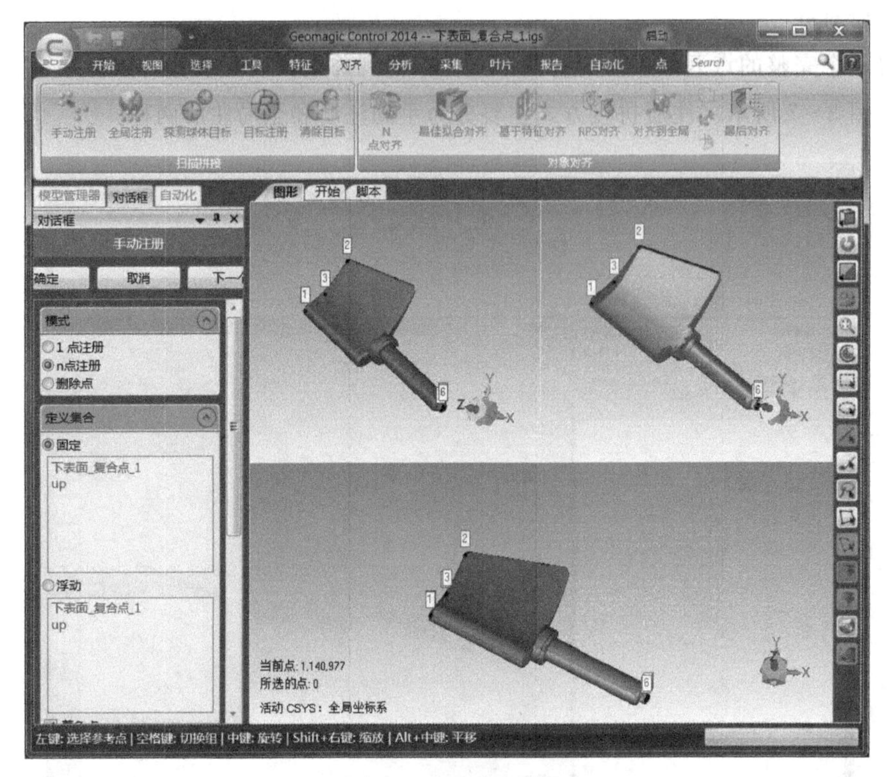

图 3-8　手动注册

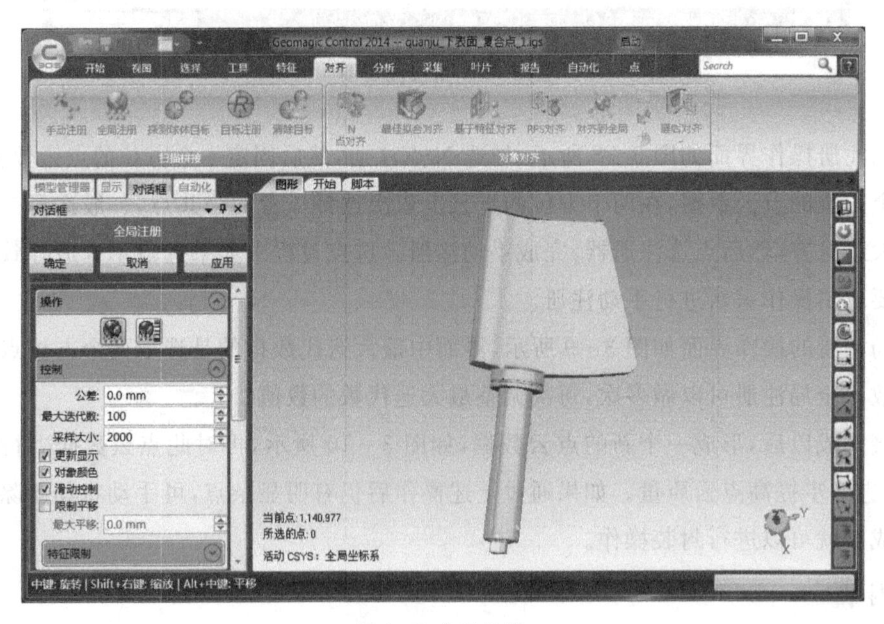

图 3-9 全局注册

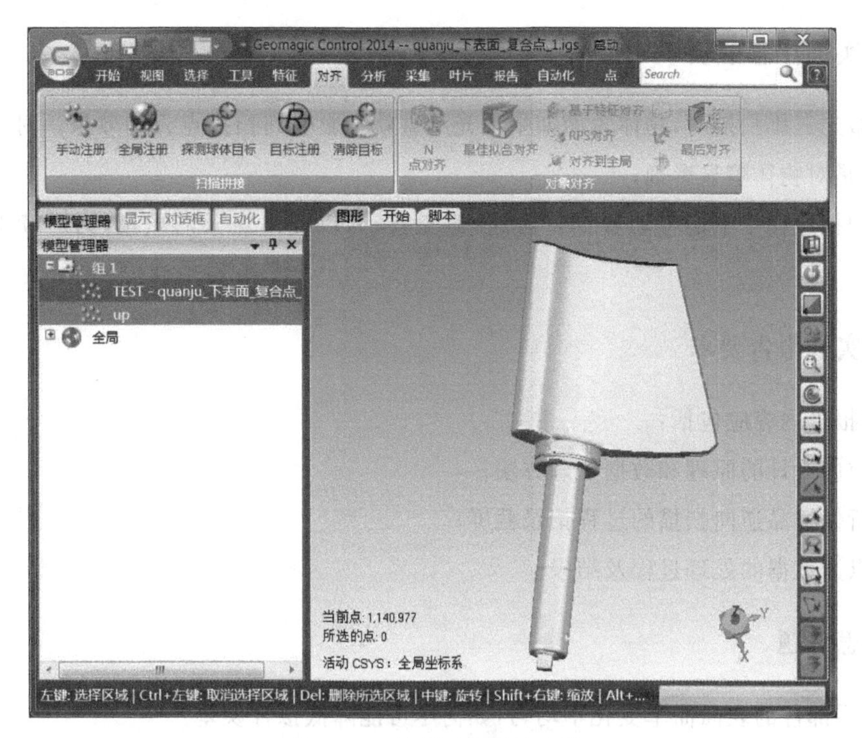

图 3 - 10　注册后的完整点云

图 3 - 11　完整叶片封装后效果

3.1.3 实训注意事项

(1)激光三维扫描时,物体表面如果反光严重就会影响到扫描点云的效果。对应的处理方式一般是对物体喷显影剂;

(2)扫描过程中手柄移动要尽量匀速,避免抖动,以提高点云的质量,为后续工作打好基础。

3.1.4 实训报告要求

实训报告内容应包括:

(1)逆向设计的原理和数据处理方法;

(2)所做样品逆向扫描的过程记录截屏;

(3)点云数据的处理过程及结果。

3.1.5 思考题

如果零部件的表面曲率变化不均匀,如何尽可能降低拟合误差?

3.2 激光选区熔化工艺实训

3.2.1 实训目的与基本要求

1. 实训目的

(1)了解激光选区熔化的原理及优势;

(2)掌握激光选区熔化的工艺方法和操作步骤;

(3)了解激光选区熔化工艺过程参数对样件形状和性能的影响。

2. 实训中使用的设备、仪器、材料

(1)设备与仪器:Concept laser SLM 成形机。SLM 成形设备包括成形机设备主机及其附件。设备主机又包括成形室、粉仓、粉末回收仓、控制系统、激光器、电脑主机等;附件包括惰性气体系统、筛粉器、密封操作台(俗称手套箱)、防爆吸尘器、工作工具、防护用具等。图 3-12所示为设备主机。

(2)操作软件:激光选区熔化的模型分层软件采用 Materialise Magics 20.04。安装该软件后启动桌面图标进入软件界面,如图 3-13 所示,该软件是一款 Windows 风格的窗口式交互软件。

(3)实验材料:铁基粉末,基板。

图 3－12　Concept laser SLM 成形机

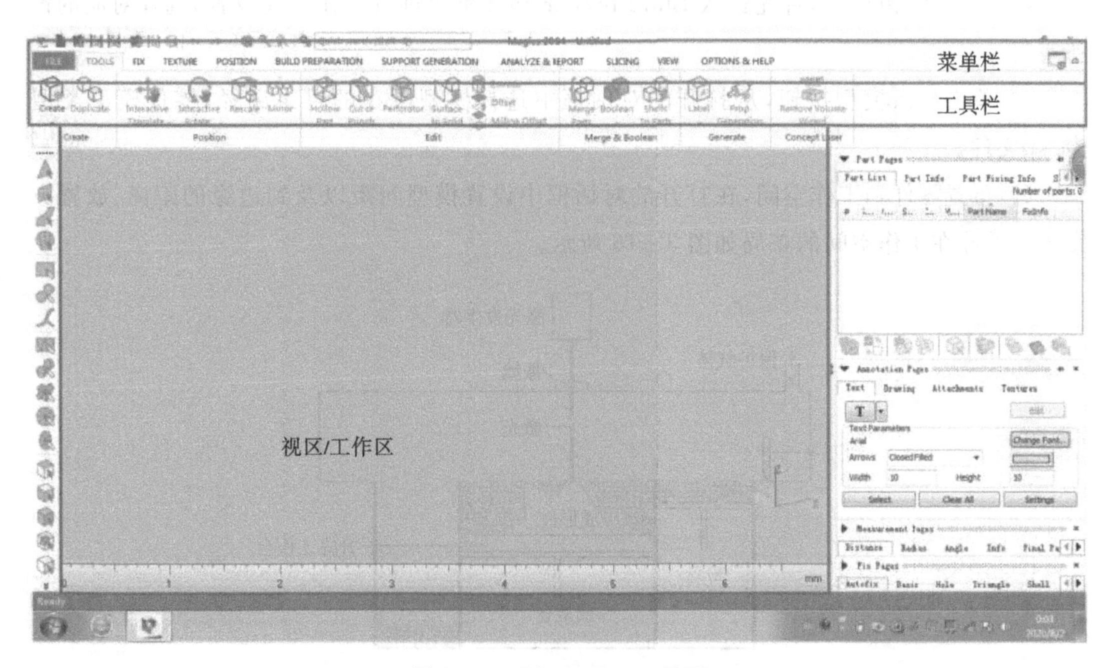

图 3－13　Magics 20.04 界面

3.2.2 实验原理及内容

1. 实验原理

激光选区熔化(Selective LaserMelting, SLM),作为金属增材制造技术的一种主要工艺方案,它是在三维 CAD 模型建模的基础上,由切片分层软件获得各层二维轨迹等数据信息,利用激光能量对选定轨迹区域的金属粉末照射熔化熔融成形。其工作原理如图 3-14 所示,首先通过刮板推送金属粉末铺设到基板上,同时在成形室注入惰性气体防止粉末氧化、保证传热性能及成形质量,并通过光路系统的振镜偏转实现激光束照射在成形零件的当前轨迹位置,并以一定的扫描速度移动激光束,按照扫描轨迹连续熔化金属粉末。随着激光束的移动熔融态金属迅速散热并冷却凝固,实现与前层金属冶金焊接成形,从而实现金属粉末熔化与凝固成形。

2. 实验内容

下面以图 3-15 所示的模型为例说明 SLM 增材制造成形过程,主要工作步骤如下所述。

1)创建零件三维模型

通过 UG NX 12.0 完成零件的三维建模,并导出为.stl 文件格式。

2)模型工艺性设置及分层

(1)打开 Magics 后,首先进入 Build preparation 菜单进行工作空间设置,选择对应的设备空间。

(2)单击导入模型按钮,从打开的对话框中选择模型所在的目录路径,零件模型类型为.stl文件。

(3)布置零件到工作空间,在打开的对话框中设置模型间距以及到边缘的距离、放置方案等。零件在工作空间的布局如图 3-16 所示。

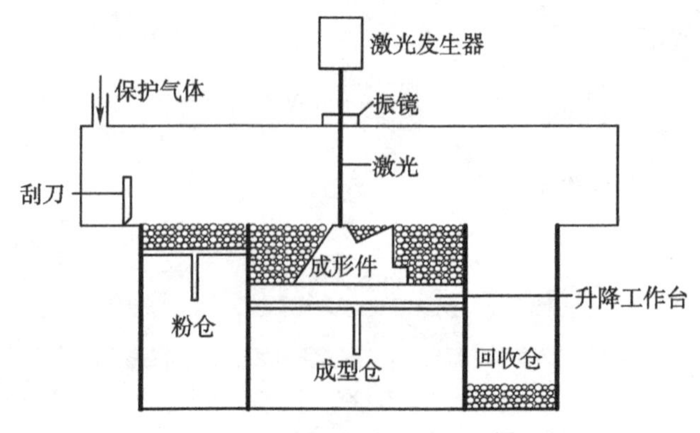

图 3-14 选区激光熔化成形零件原理图

图 3-15　SLM 成形零件图

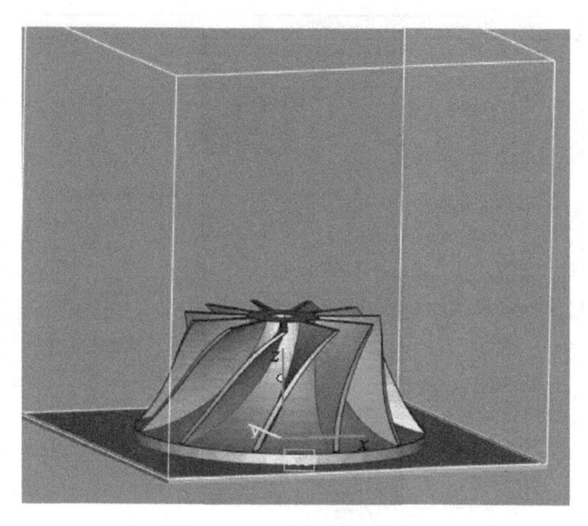

图 3-16　布局零件模型

(4)如果需要重新摆放模型，进入 Position 菜单，通过“平移/旋转/缩放”等按钮进行零件位置修正，当前零件位于工作空间正中，距离基板 2 mm。如果需复制多个模型同时进行分层，进入 Tools 菜单，通过“复制”按钮进行复制。

(5)为零件模型添加支撑，进入 Support generation 菜单，进入支撑子菜单，完成零件模型的支撑设计，如图 3-17 所示。如果需要对支撑进行编辑，选择相应的选项进行设置即可。

(6)进行零件模型分层，进入 Slicing 菜单，可以选择通用分层操作，在打开的对话框中进行分层格式/分层参数等设置。如果采用设备参数包进行分层，可以选择本软件加载的 Concept Laser 分层单元，设置如图 3-18 所示的对话框。设置完后确认，软件按照前期设置的保存路径直接生成零件分层文件(P_ ***.cls)与支撑分层文件(S_ ***.cls)。此文件可以通过外部存储设备或远程 COM 端口传送到 SLM 增材设备上进行设备操作。

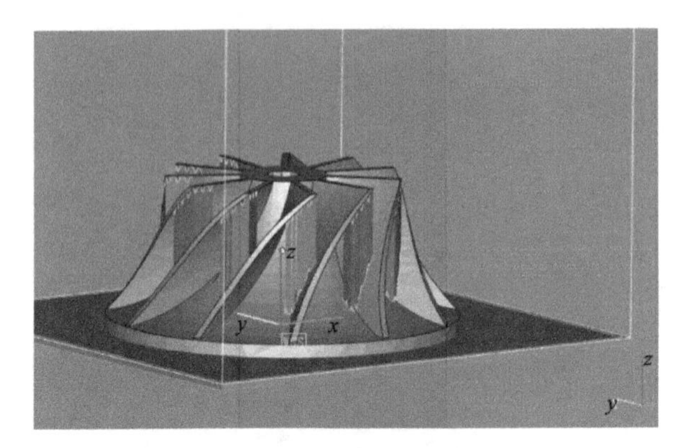

图 3-17　有支撑的零件模型

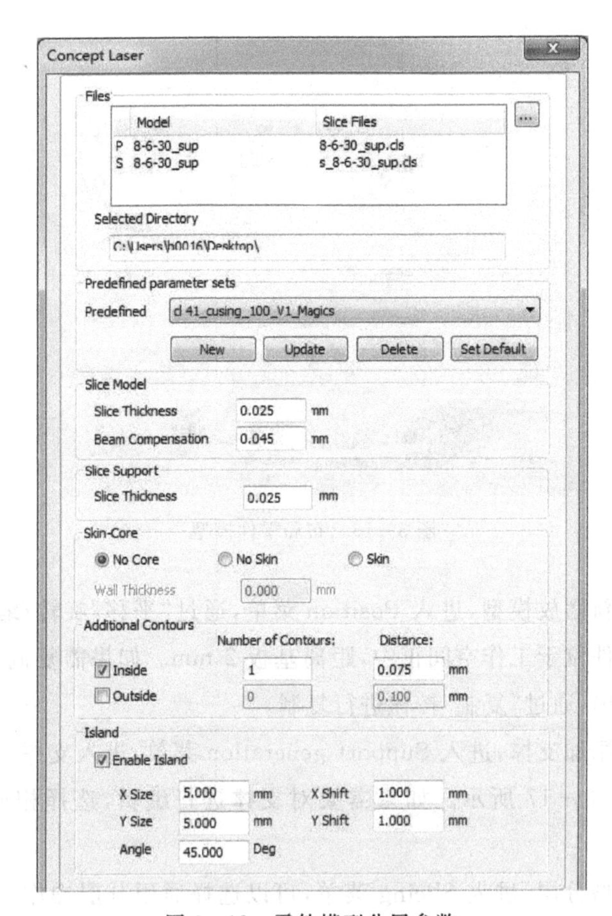

图 3-18　零件模型分层参数

3)制造工艺参数设置

(1)启动 SLM 设备(Concept Laser),设备电源开启,启动软件进入开机状态。

(2)新建工程。选择新工程对应的工艺参数基础数据包,如不锈钢选择“cl 20_100_lower”。

(3)导入模型。加载制造模型,选择分层后的文件:零件分层文件(P_ ***. cls)与支撑分层文件(S_ *** . cls)。导入文件后，需选择具体的工艺参数类型。选择好参数包后，完成模型导入，效果如图 3 - 19 所示。

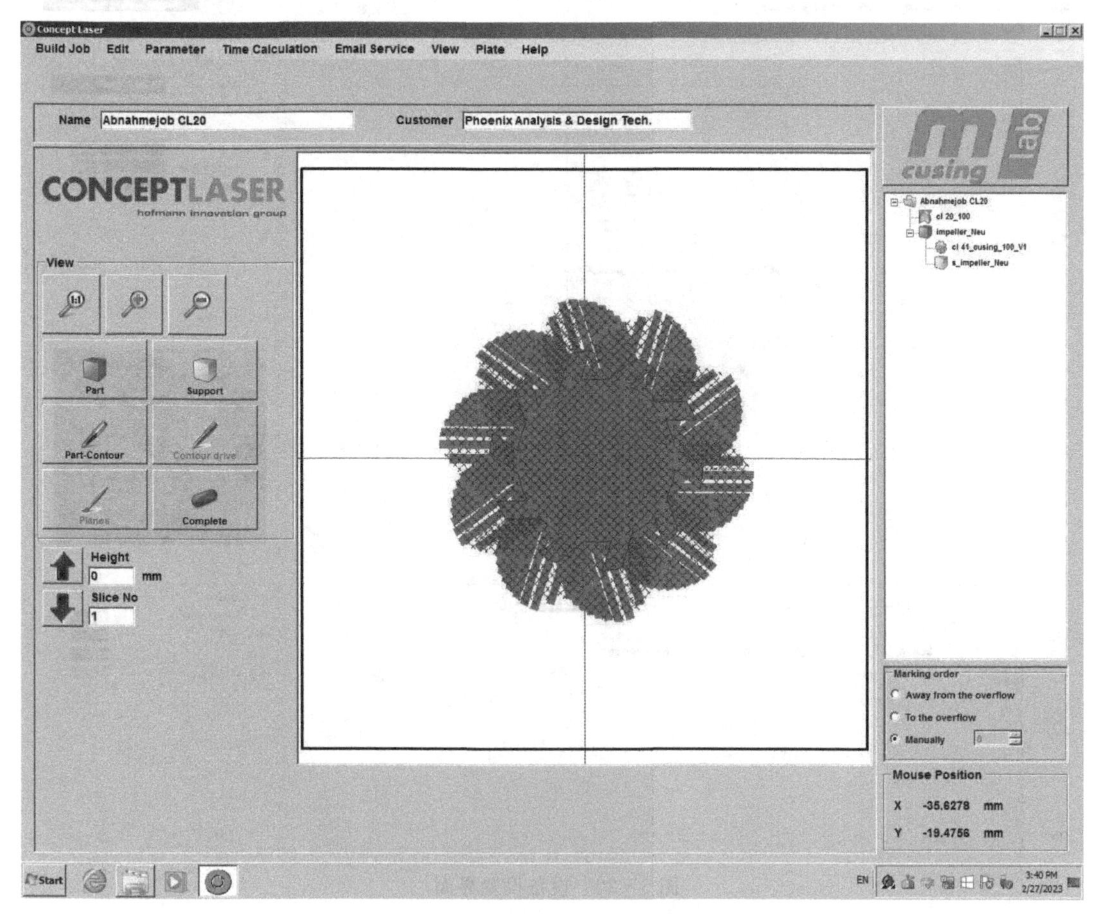

图 3 - 19　导入后的效果

(4)修改工艺参数。在导入的零件已有参数包基础上可以继续对一些主要工艺参数进行调整，包括对零件工艺参数的修改或者对支撑工艺参数的修改等。修改分为三个主要部分：曝光扫描路径、激光参数和间距参数。这些工艺参数根据与材料和零件类型匹配的参数值进行具体的修改操作。

(5)调整模型。在设定好工艺参数后，可以对模型进行进一步调整，如复制或移动/删除模型。

(6)进入设备界面。如图 3 - 20 所示，可调整抽气量、供粉量及刮刀速度等。

(7)设备初始化。设备初始化包括对设备的工作仓(包括粉仓/基板/刮刀)初始化，设置好后，各设备的显示颜色被激活显示。

(8)取出工作台、加粉、安装基板并调整基板。注意：一定要调整好基板安装的水平度与基板距离工作仓平面的平齐度。加粉操作时需要注意的是在加注活性粉末材料时需要在密封仓中加高纯氩气环境下进行。

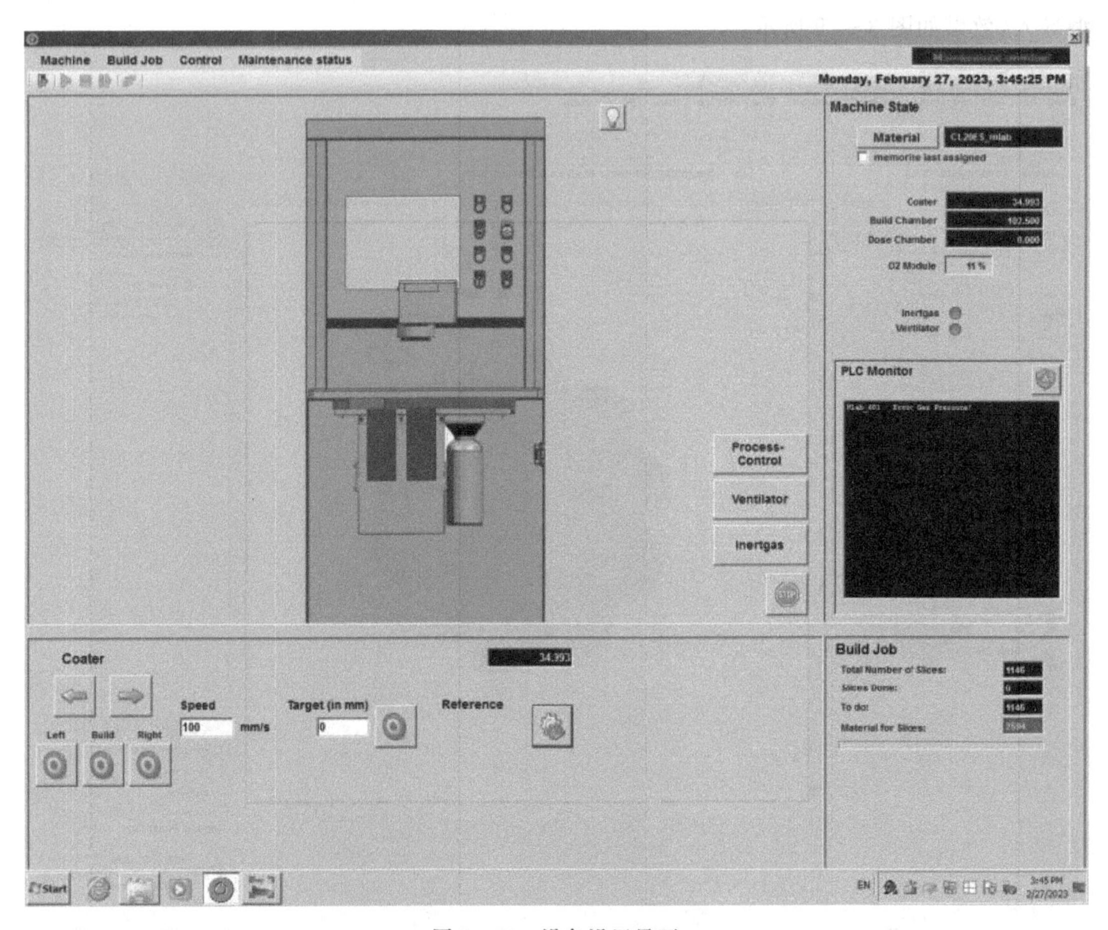

图 3-20　设备设置界面

(9)开启进气系统和排气系统,并调整工作台。

(10)开始曝光打印。进行单层曝光,一般对打印的第一层进行连续 5 次以上的曝光,这样可以保证基板与打印体之间的结合强度,随后设备开始打印工作,工作台/刮刀共同配合工作,开始零件制造。

(11)完成零件打印。零件成形完毕后,取出基板,通过线切割或其他方式从基板上分离零件,并对机器设备进行清理维护。

3.2.3　实训注意事项

(1)激光选区熔化成形取决于工艺参数的配合,一旦设计的工艺参数不匹配,极易产生球化效应、翘曲、裂纹等制造缺陷,限制了高质量金属零部件成形。尤其对新材料的粉末,需要开展工艺参数优化实验,然后再进行零件的打印。

(2)受限于设备空间的大小,成形仓内成形的零件尺寸受限。另外大尺寸成形零件的循环热应力不断叠加,更易产生制造缺陷,实训前要与指导教师充分沟通确认 SLM 具体工艺方案。

3.2.4　实训报告要求

实训报告的内容应包括:

(1)SLM 成形工艺的发展历史、原理及优缺点概述;

(2)UG NX 12.0 三维建模主要过程截图;

(3)Magic 软件处理模型主要过程截图;

(3)所做样品激光选区熔化成形过程的记录截屏;

(4)打印过程参数的设置及实物照片。

3.2.5　思考题

(1)如果未调整好基板安装的水平度与基板距离工作仓平面的平齐度,对 SLM 成形效果有哪些影响?

(2)不同种类的粉末材料,如钛合金或不锈钢合金粉末,SLM 打印时具体的工艺参数是否有所区分?

3.3　熔融沉积成型工艺实训

3.3.1　实训目的与基本要求

1. 实训目的

(1)了解熔融沉积成型技术的发展历史;

(2)理解熔融沉积成型技术的原理和特点;

(3)了解熔融沉积成型技术与传统的材料去除加工工艺的区别;

(4)推广该项技术的普及和应用。

2. 实训中使用的设备及材料

(1)设备与仪器:UP! 3D 打印机;

(2)材料:PLA 生物可降解材料。

3. 实训要求

(1)利用计算机实现三维模型的设计,生成 STL 文件;

(2)通过熔融沉积设备配套的软件完成零件的摆放和参数设置；

(3)观察熔融沉积工艺过程，分析产生加工误差的原因。

3.3.2 实验原理及内容

1. 实验原理

实训用 UP！3D 打印机的主要构造如图 3-21 所示，主要由送丝机构、喷嘴、工作台、运动机构及控制系统组成。成形时，丝状材料通过送丝机构不断地运送到喷嘴。材料在喷嘴中加热到熔融态，计算机根据分层截面信息控制喷嘴沿一定路径和速度进行移动，熔融态的材料从喷嘴中被挤出并与上一层材料黏结在一起，在空气中冷却固化。每成形一层，工作台或者喷嘴上下移动一层距离，继续填充下一层。如此反复，直到完成整个制件的成形。当制件的轮廓变化较大时，前一层强度不足以支撑当前层，需设计适当的支撑，保证模型顺利成形。目前很多熔融沉积成形设备采用双喷嘴，两个喷嘴分别用来添加模型实体材料和支撑材料。

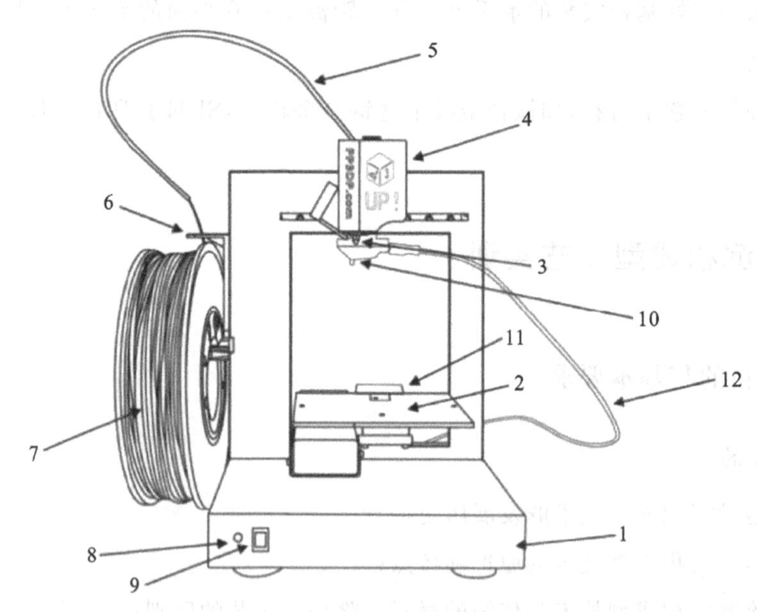

1—基座；2—打印平台；3—喷嘴；4—喷头；5—丝管；6—材料挂轴；
7—丝材；8—信号灯；9—初始化按钮；10—水平校准器；
11—自动对高块；12—3.5 mm 双头线。

图 3-21 UP！3D 打印机的主要构造

2. 主要内容

1) 数据准备

(1)建立零件三维 CAD 造型(使用 Pro/E、UG、SolidWorks、AutoCAD 等软件)，并生成

STL文件。

(2)载入设计好的3D模型。注意:UP! 仅支持STL格式(为标准的3D打印输入文件)和UP3格式(为UP! 3D打印机专用的压缩文件)的文件,以及UPP格式(UP! 工程文件)。

2) 准备打印

(1)初始化打印机。在打印之前,需要初始化打印机。如图3-22所示,单击3D打印菜单下面的初始化选项,当打印机发出蜂鸣声,初始化即开始。打印喷头和打印平台将再次返回到打印机的初始位置,当准备好后将再次发出蜂鸣声。

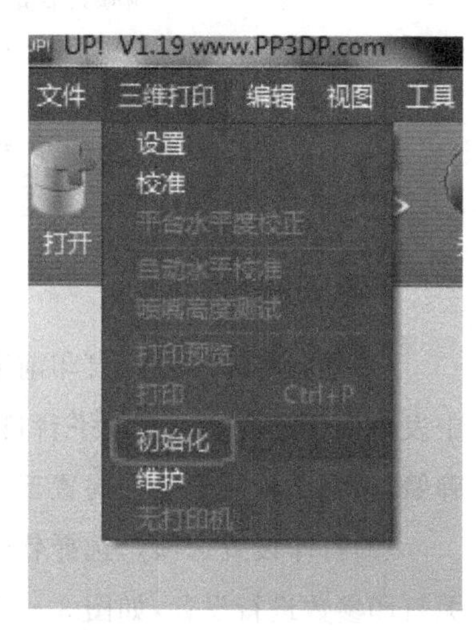

图3-22 初始化选项

(2)调平打印平台。在正确校准喷嘴高度之前,需要检查喷嘴和打印平台四个角的距离是否一致。可以借助配件附带的“水平校准器”来进行平台的水平校准,校准前,请将水平校准器吸附至喷头下侧,并将3.5 mm双头线依次插入水平校准器和机器后方底部的插口(见图3-23),当点击软件中的“自动水平校准”选项时,水平校准器将会依次对平台的九个点进行校准,并自动列出当前各点数值。

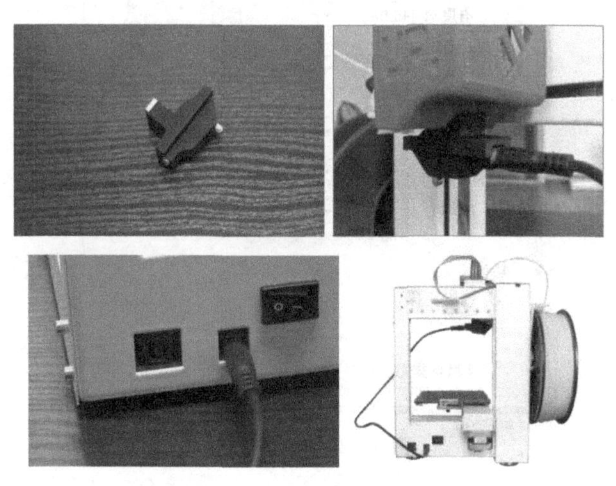

图3-23 调平打印平台

(3)校准喷嘴高度。为了确保打印的模型与打印平台黏接正常,防止喷头与工作台碰撞对设备造成损害,需要在打印开始之前进行校准设置喷头高度。该高度以喷嘴距离打印平台0.2 mm时喷头的高度为佳。需将正确的喷嘴高度记录于“喷嘴 & 平台”下的对话框中,如图 3-24 所示。

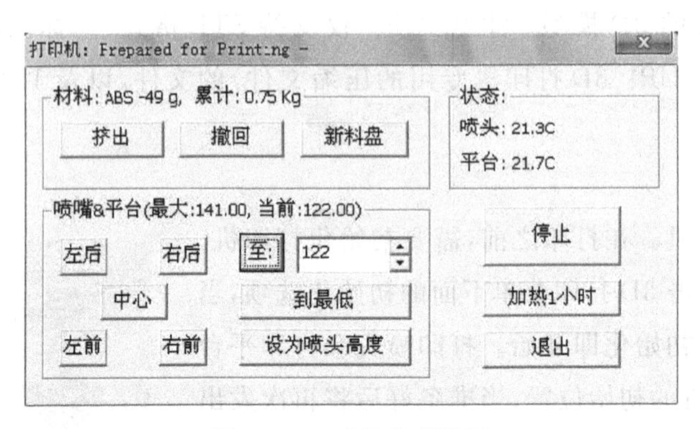

图 3-24　喷头高度设置

(4)准备打印平台。打印前需将平台准备好,才能保证模型稳固,不至于在打印的过程中发生偏移。用户可借助平台自带的八根弹簧固定打印平板,在打印平台下方有八个小型弹簧,请将平板按正确方向置于平台上,然后轻轻拨动弹簧以便卡住平板。

(5)打印设置选项。选择软件"三维打印"选项内的"设置"选项,在打开的对话框中对相关打印参数进行设置,如图 3-25 所示。

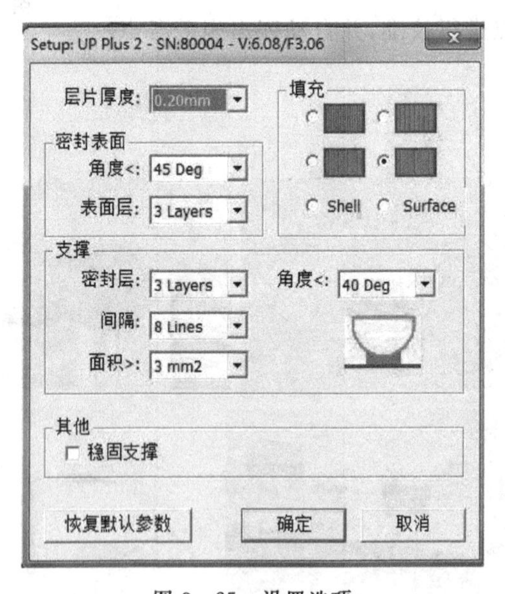

图 3-25　设置选项

3)开始打印

(1)单击 3D 打印菜单的预热按钮,打印机开始对平台加热。在温度达到 100 ℃时开始打印。

(2)单击 3D 打印的打印按钮,在打印对话框中设置打印参数(如质量),单击确定开始打印。

4)移除模型

(1)当模型完成打印时，打印机会发出蜂鸣声，喷嘴和打印平台会停止加热。

(2)拧下平台底部的两个螺丝，从打印机上撤下打印平台。

(3)把铲刀慢慢地滑动到模型下面，来回撬松模型。切记在撬模型时要佩戴手套以防烫伤。

5)去除支撑材料

模型由两部分组成。一部分是模型本身，另一部分是支撑材料。支撑材料和模型主材料的物理性能一样，只是支撑材料的密度小于主材料，所以很容易从主材料上移除。支撑材料可以使用多种工具来拆除，一部分可以很容易地用手拆除，对于越接近模型支撑的材料，使用钢丝钳或者尖嘴钳更容易移除。

3.3.3 实训注意事项

(1)存储之前选好成形方向，一般按照“底大上小”的方向选取，以减小支撑量，缩短数据处理和成形时间；

(2)受成形机空间和成形时间限制，零件的大小控制在30 mm×30 mm×20 mm以内；

(3)尽量避免设计过于细小的结构，如直径小于5 mm的球壳、锥体等；

(4)尤其注意喷头部位未达到规定温度时不能打开喷头按钮。

3.3.4 实训报告要求

实训报告的内容应包括：

(1)根据所做原型件分析熔融沉积成型工艺的优缺点；

(2)根据所给三维图3-26和图3-27，任选其一进行成型工艺分析(定义成型方向，指出支撑材料添加区域，成型过程中零件精度易受影响的区域)；

图3-26 零件一

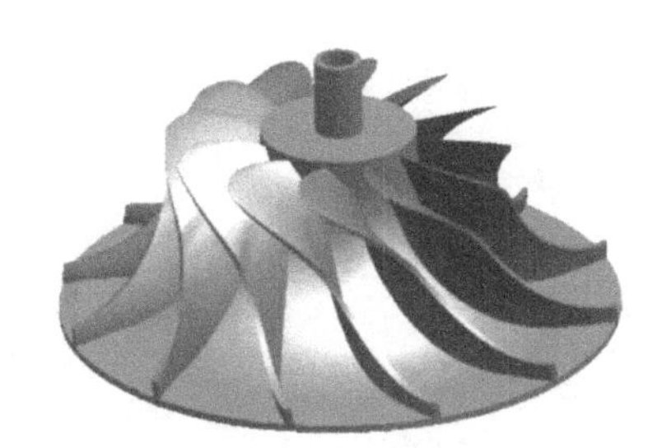

图3-27 零件二

(3)根据实验过程总结成形过程中对精度的影响因素(包括数据处理和加工过程)。

3.3.5 思考题

(1)熔融沉积成型技术打印时如何校准喷嘴高度?

(2)熔融沉积成型技术的误差来源有哪些?可以采用哪些措施减小误差?

(3)层片厚度及内部填充方式对成形件的精度和打印效率会产生怎样的影响?

(4)熔融沉积成型技术的主要应用有哪些?

第4章　材料表面工程综合实训

4.1　表面形变强化

当金属材料承受循环应力或应变作用时，结构性能下降，容易产生应力腐蚀和疲劳开裂，导致零件失效。针对这种失效方式，通常采用表面形变强化方法进行强化。表面形变强化方法具体指不改变基体材料成分和整体使用性能的条件下，通过一些机械手段（滚压、内挤压或喷丸等）在金属表面产生强烈的微塑性变形，产生有利的残余压应力分布，并使表面形成一定厚度（0.1～0.8 mm）的形变硬化层的工艺过程。本节以喷丸技术为实验内容进行讲解。

4.1.1　实验目的与基本要求

1. 实验目的

（1）了解喷丸工艺的适用范围；

（2）了解不同喷丸强化工艺标准、术语和符号；

（3）掌握零件喷丸强化工艺的一般要求、工艺流程、工艺过程；

（4）了解不同的喷丸工艺后处理要求、质量控制与检验方法。

2. 实验基本要求

（1）实验设备与仪器：机械控制喷丸机、X射线应力仪、硬度仪；

（2）实验材料：TC4钛合金、汽车车轴40Cr、不同材质弹丸、弧高度试片。

4.1.2　实验内容及方法

1. 喷丸设备

喷丸设备按照自动控制程度分为自控控制（数控）喷丸机、机械控制（半自动）喷丸机和手工控制喷丸机三种。除对零件进行补喷时可采用手工控制喷丸机外，若图样上没有专门说明时，则宜采用自动控制或机械控制喷丸机。按驱动弹丸的方式可分为机械离心式和气动式两大类，如图 4-1 和图 4-2 所示。

无论是机械离心式还是气动式喷丸机，都应满足以下要求：

(1)能够提供稳定的可重复的喷丸强度和均匀覆盖率。

(2)具有弹丸尺寸筛选和破碎弹丸分选装置，允许采用具有同等功能的机外独立装置。

(3)机械离心式喷丸机的离心轮转速应能自动调节，调节范围通常为 600～4500 r/min。

(4)气动式喷丸机的气路系统中应安装气压稳定器和油水分离器，喷丸后零件表面上不应有任何的水汽和油污痕迹。

(5)喷丸室内应备有可供零件或喷嘴运动的装置，以使零件被喷区域的表面能获得均匀的喷丸。

(6)由喷嘴或离心轮喷射出的弹丸流中心线与零件外表面被喷区域平面切线之间的夹角通常应大于 35°。

(7)应配备抽风除尘装置。

(8)对于湿法喷丸，(2)、(4)、(7)等不作要求。

手工控制喷丸机至少应满足(1)、(4)、(6)、(7)规定的要求。

自动控制离心式或气动式喷丸机除应具备以上喷丸机的要求外，还应满足以下两点要求：

(1)能够提供既干燥又稳定的弹丸流，并应具备弹丸流的指示装置和断流指示或警报器。

(2)具有计算机自动控制零件的喷丸时间、喷射角度、喷射流量和压力等功能。

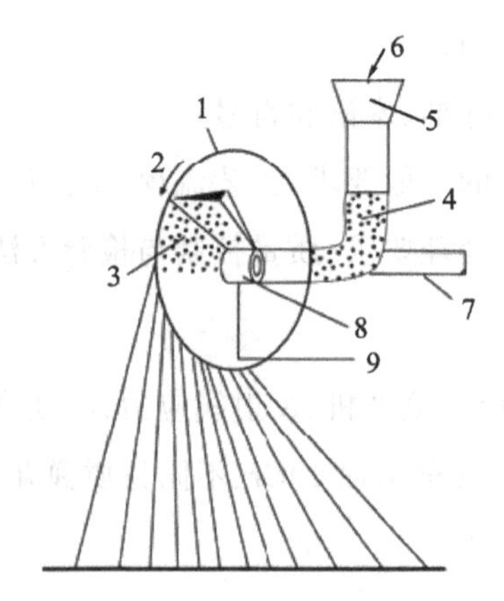

1—叶轮；2—叶轮转向；3—接触叶片前的弹丸；4—弹丸输送管；

5—漏斗；6—压缩空气；7—喷射管；8—90°弯曲喷管；9—弹丸。

图 4-1　机械离心式喷丸机

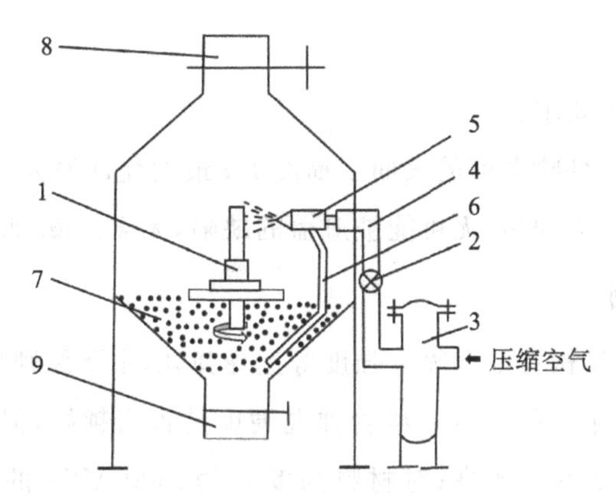

1—零件；2—阀门；3—空气过滤器；4—管道；5—喷嘴；

6—导丸管；7—储丸箱；8—排尘管；9—转换口。

图4-2 气动式喷丸机

2.试片夹具

试片夹具用于固定弧高度试片，主要采用工具钢制成，材料的硬度不低于55HRC。弧高度试片夹具的形状与尺寸应符合图4-3的要求。

试片夹具应满足以下要求：

(1)能提供零件(包括模拟件)在喷丸室内做一定方式的运动，以便使被喷表面获得均匀的覆盖率。

(2)在喷丸强化过程中，既可确保零件得到均匀地喷丸，又能确保零件运动过程中的稳定性、协调性，保证零件不随意运动。

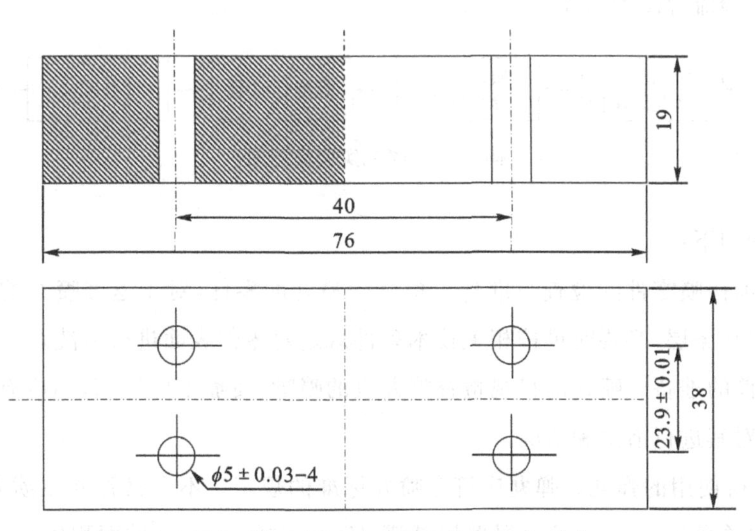

图4-3　固定弧高度试片夹具的形状与尺寸(单位：mm)

3. 待喷零件要求

待喷零件应满足以下要求：

(1)若无特殊要求，零件喷丸前的表面粗糙度 Ra 最大允许值为 3.20 μm；

(2)表面应清洁干燥、无油污、无可能被遮盖的缺陷，无氧化皮、镀层、漆层、磕碰伤等。

4. 弹丸的选用原则

应依据零件的材料、结构特征和喷丸强度等选择弹丸，主要原则如下：

(1)弹丸的硬度应高于工件硬度。尽管弹丸硬度是越高越好，但硬度过高，弹丸就容易破碎，很不经济，因此硬度不可太高；对材料强度 $\sigma_b \geqslant 1600$ MPa 的零件，宜采用硬度高于 55HRC 的弹丸。

(2)弹丸尺寸的分散度应尽量地小，丸料的圆球度应高些，这样有助于提高喷丸质量。

(3)对无污染要求的零件，可采用铸钢弹丸或切制钢丝钢丸；对铝合金、钛合金、高温合金、铝基复合材料等零件，宜采用陶瓷弹丸或玻璃弹丸；若采用铸钢弹丸或切制钢丝弹丸，喷丸后应进行清理。

(4)对薄壁低强度零件，宜采用玻璃弹丸或陶瓷弹丸。

(5)对于圆角的喷丸，弹丸直径尺寸应小于喷丸区内最小圆角半径的 1/2。

(6)对于键槽的喷丸，弹丸直径尺寸应小于键槽宽度的 1/4。

(7)达到同样喷丸强度要求的前提下，宜选用较大尺寸的弹丸。

5. 实验流程及过程

喷丸的实验流程图如图 4－4 所示。

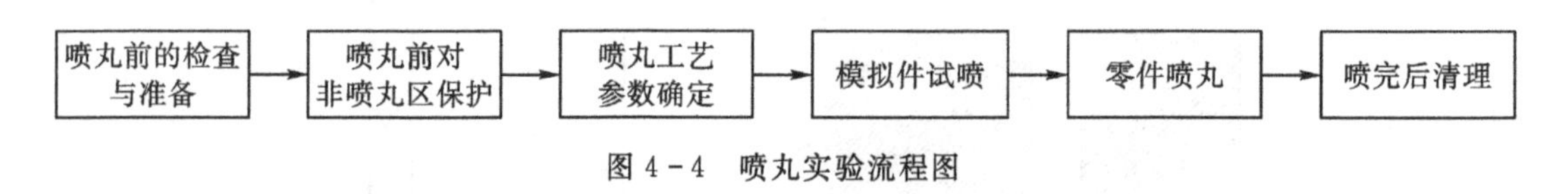

图 4－4　喷丸实验流程图

实验过程如下：

(1)喷丸前待喷零件的检查与准备。检查待喷丸的零件，对于返修喷丸的零件，应在喷丸前去除镀层和漆层；必要时可按相关技术条件规定对零件表面进行清洗。

(2)喷丸前的准备。喷丸前目视检查喷丸机的喷嘴，喷嘴不应堵塞，不应有腐蚀物、油脂等，必要时应对其进行清洗和清除。

(3) 检查所使用的弹丸。弹丸应符合喷丸标准的规定。不合格弹丸在喷丸机内的含量不应超过机内总量的 15%。可根据单层铺满 15 mm^2 或 10 mm^2 的面积以目视检验出不合格弹丸的比例。

(4)检查喷丸机内的弹丸数量。其数量应满足连续喷丸的要求。对于钢弹丸或切制钢丝弹丸，往喷丸机内装入新弹丸（或在喷丸生产过程中需往喷丸机内补充新弹丸）的量超过机内总量的 10％时，在正式喷丸强化零件前应使全部弹丸在一块钢件上（40HRC～45HRC）至少循环 3 次，然后才可用于生产中。

（5）检查设备的弹丸筛选和分选装置、弹丸提升装置，均应处于正常状态。

（6）检查零件夹具，应齐全并符合相关要求。

（7）喷丸前对非喷丸区的保护。对不要求喷丸的部位进行适当保护（零件有加工余量除外）。一般对于面积较大的非喷丸区，可采用夹具进行遮蔽保护；对于面积较小的非喷丸区，可采用塑料薄膜、胶带或胶布等进行遮蔽保护。非喷丸区的界限偏差一般为 0～3 mm 或按图样规定，特殊情况下可以保护到 5～6 mm。

6. 喷丸工艺参数

根据预定设计的要求，选择弹丸种类、尺寸、硬度、规格；喷射速度、喷嘴与受喷面的距离、喷射角度、受喷时间等参数，以获得指定的喷丸强度与表面覆盖率，参照表 4－1 确定零件的喷丸强度。

表 4－1 零件喷丸强度的选择

零件厚度/mm	喷丸强度				
	钢 σ_b＜1400 MPa	钢 σ_b≥1400 MPa	铝合金（钢丸、陶瓷丸）	铝合金（玻璃丸）	钛合金
1～2	0.08～0.16 A	0.08～0.15 A	0.10～0.15 A	0.10～0.20 N	0.06～0.14 A
2～3	0.16～0.20 A	0.15～0.25 A	0.15～0.25 A	0.12 N～0.20 N	0.14～0.20 A
3～4	0.20～0.26 A	0.25～0.35 A	0.25～0.35 A	0.20～0.24 N	0.15～0.25 A
4～5	0.26～0.34 A	0.25～0.35 A	0.25～0.35 A	0.24～0.30 N	0.15～0.25 A
5～6	0.34～0.40 A	0.25～0.35 A	0.25～0.35 A	0.30～0.40 N	0.15～0.25 A
＞6	0.34～0.40 A	0.25～0.35 A	0.25～0.35 A	0.30～0.35 N	0.15～0.25 A

注意事项如下：

（1）在本实验中选用尺寸为 40 mm×40 mm×10 mm 的金属板材，根据基体材质选用不同材质和尺寸的弹丸；

（2）调整各工艺参数，直到覆盖率达到预设计要求。

7. 喷丸强度确定

1）试片选择

所使用的弧高度试片时，应注意：当喷丸强度低于 0.15 A 时，应采用 N 试片；当喷丸强度在[0.15,0.60]范围时,应使用A试片;当喷丸强度大于0.60 A时,则应采用C试片。

2) 喷丸强度确定

将模拟件放入喷丸室内,调整喷嘴(或离心轮)至各试片之间的距离与角度(喷嘴至试片的距离通常处于100~200 mm的范围)进行喷丸。卸下试片以非喷丸面为基准面测量其弧高值。卸下的喷丸试片不应再次使用。重新装上新试片,喷丸、测量弧高度。用至少4片试片经不同时间(或喷丸次数)喷丸之后,获得一条弧高度曲线。(测得的喷丸强度高于或低于规定值时,则应调整工艺参数,达到图样规定值)

8. 喷丸后清理

(1)撤去零件表面的保护物。

(2)清除零件表面的弹丸及粉尘(清除方式可采用棉纱或压缩空气吹),需要时,可采用相应的清洗剂清洗零件表面。

(3)在使用钢丸喷丸强化有色金属后,应立即清洗,以防止零件表面腐蚀。

9. 喷丸效果检测

(1)检测内容。喷丸强度、表面覆盖率、表面应力状态。

(2)测试方法。合适的喷丸强化工艺参数要通过喷丸强度试验和表面覆盖率试验来确定,如图4-5所示,确定步骤为,弧高度试片→弧高度→弧高度曲线→喷丸强度→表面覆盖率。

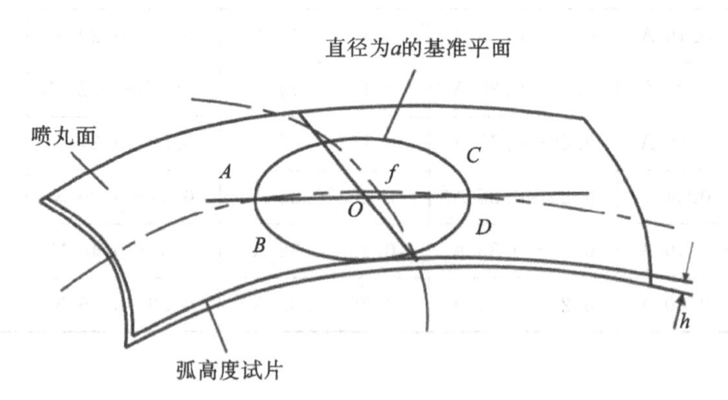

图4-5 单面喷丸后,试片的变形及弧高度的测量位置

(3)采用无损检测方法,零件表面出现褶皱、裂纹等缺陷时,则为不合格。

10. 喷丸强化质量检测

1)硬度试验

选用洛氏硬度计3~5台,对喷丸后的每个样品进行3~5个点的硬度HRC值测试,并比较硬度变化。

2)强化层应力检测

选用 X 射线应力仪对喷丸后的样品进行表面和截面应力测试,得到表面应力值和表面到基体的应力变化趋势。

3)表面覆盖率的确定

可采用下列方法确定试样或零件的表面覆盖率:

(1)用 10 倍以上(含 10 倍)的放大镜、内窥镜、荧光液或荧光笔、聚氯乙烯覆膜等方法检测判断试样或零件的表面覆盖率。

(2)对表面渗氮或渗碳的钢零件以及硬度高于弹丸硬度的零件,应采用表面涂抹荧光液检测覆盖率,并依次作为覆盖率验收依据。

(3)对小于 100%的表面覆盖率可采用比对的方法,判定试样或零件的表面覆盖率,图 4-6为喷丸试样不同表面覆盖率形貌。

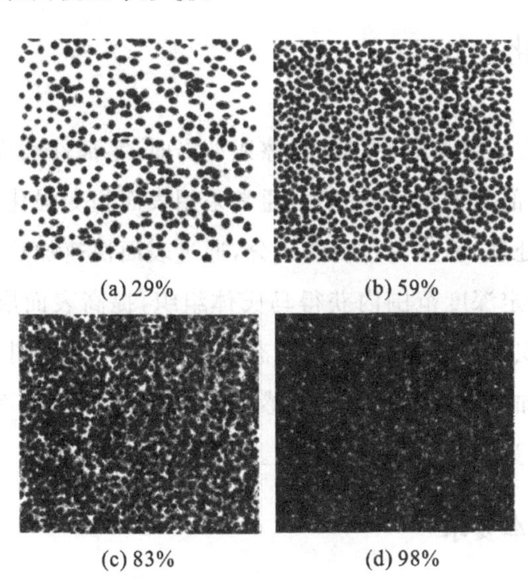

图 4-6　喷丸试样不同表面覆盖率形貌

4.1.3　实训报告要求

实训报告的内容应包括:

(1)实训目的及内容;

(2)实训所用设备及仪器的型号与特性;

(3)绘制不同工艺参数下的弧高度曲线、喷丸强度曲线、覆盖率曲线、硬度变化曲线、截面应力变化趋势曲线;

(4)根据所得到的实验数据绘制材料受控喷丸硬度、硬化层深度与喷丸工艺参数的关系;

(5)根据表 4-2 将实验所得数据进行汇总,并分析不同喷丸工艺状态下的试样应力变化现象,分析彼此之间的相关性。

表 4-2 实验所测应力数据汇总表

材质	弹丸种类、尺寸	喷射速度	喷嘴与受喷面的距离	喷丸时间	喷射角度	应力 σ

4.1.4 思考题

若对 TC4 钛合金进行喷丸强化,并形成一定梯度纳米晶结构,喷丸工艺该如何设置?

4.2 表面相变强化

当一些金属零部件在承受弯曲、扭转、摩擦或冲击时,零部件表面需要获得较高的硬度、耐磨性和疲劳强度,而心部保持良好的塑性,通常采用表面相变强化技术提高表面性能。表面相变强化属于表面热处理,不改变材料的成分,通过表面快速加热后冷却仅改变材料物相组织,在金属零件表面一定深度范围内获得马氏体组织,提高表面层硬度和耐磨性,而心部仍保持表面淬火前的组织状态(调质或正火状态),具有足够塑性和韧性。

表面相变强化根据加热方式不同可分为感应表面淬火、火焰表面淬火、电加热表面淬火等,本节以表面感应淬火为实验内容进行介绍。

4.2.1 实验目的与基本要求

1. 实验目的

(1)了解感应加热的原理;

(2)了解热量透入深度、电流频率与材料淬硬性之间的关系;

(3)了解淬硬层深度的测定方法;

(4)掌握感应淬火的质量检测方法。

2. 实验设备及材料

(1)实验设备与仪器:高频感应淬火设备、金相显微镜、硬度仪;

(2)实验材料:含碳量为 0.4~0.5 wt%的中碳钢(45 钢或 T12 钢)。

4.2.2　实验内容及方法

1. 感应淬火设备

感应淬火是利用交变电流的趋肤效应，采用感应加热的方法使钢质零件表面层快速升温后快速冷却淬火，提高表面硬度和抗疲劳强度，而心部仍保持原有的韧性。表面感应淬火原理如图 4-7 所示。齿轮、轴、销、曲轴等机械零件均需通过感应淬火热处理加工。

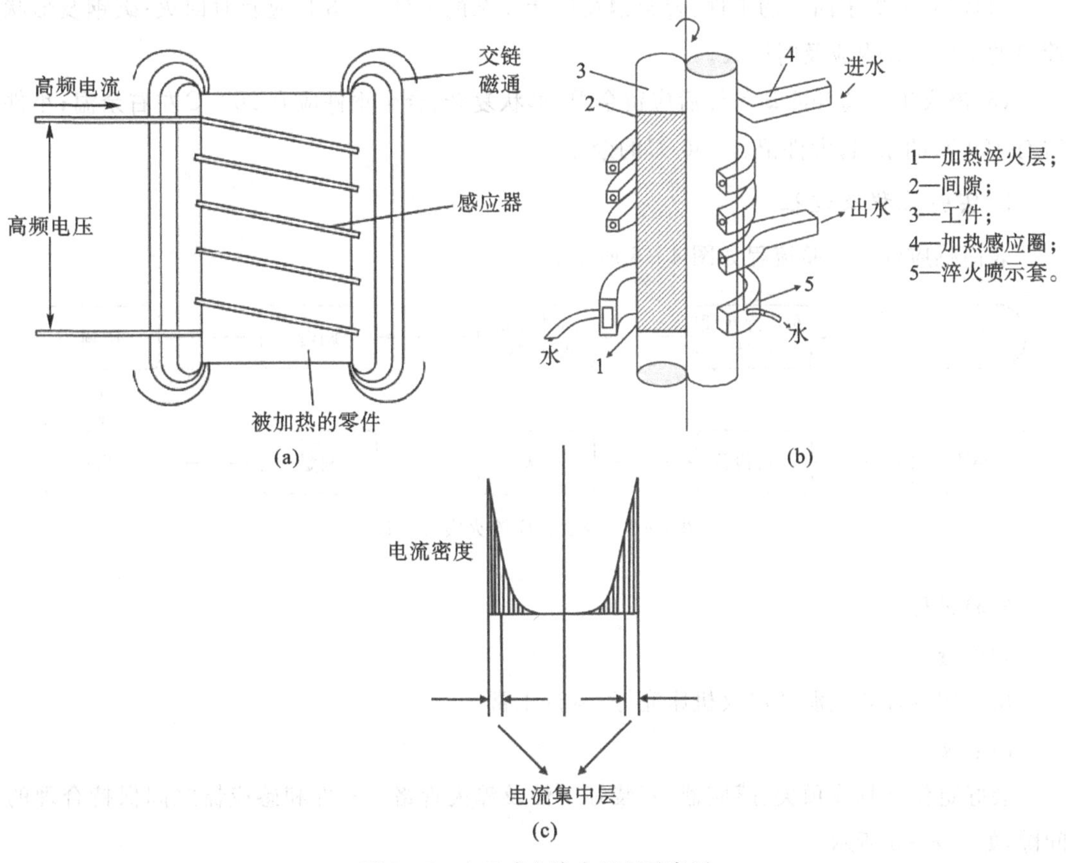

图 4-7　表面感应淬火原理示意图

1)设备

高频感应淬火设备包括加热电源、淬火机床及辅助装置、能量监控系统、感应器、变压器、电容器、冷却系统等，可实现中频/高频淬火。

2)工艺参数

中频感应淬火设备额定输出功率为 10 kW，频率为 10 kHz～40 kHz 可调，工件转速为 35 r/min，匝比为 2∶7，电容 5 个。通过调整匝比、电容、功率、加热时间、冷却时间等工艺参数进行感应加热淬火。在实施淬火时，加热温度、加热时间和冷却方式是最重要的三个基本工艺因素，正确选择这三个工艺因素是热处理成功的基本保证。

3)材料要求

选用尺寸为 20 mm×20 mm×40 mm 的金属条，或∅20mm、∅100 mm 的圆柱状试样。

2. 实验注意事项

(1)调试前功率调节到最小。

(2)调试时，工件应在冷却条件下加热且加热时间不宜过长。

(3)感应淬火加热温度同比普通炉中加热温度高 50～100 ℃。

(4)需要用炉子回火的工件：合金钢及形状复杂的工件 2～3 h 应及时回火；碳钢及形状简单的工件 4 h 内应及时回火。

(5)淬火工件离开冷却条件后应留余温：形状复杂、合金钢件应有 200 ℃左右余温；小件留有 120 ℃的余温；大件留有 150 ℃的余温。

3. 实验流程及过程

表面感应淬火实验流程如图 4-8 所示。

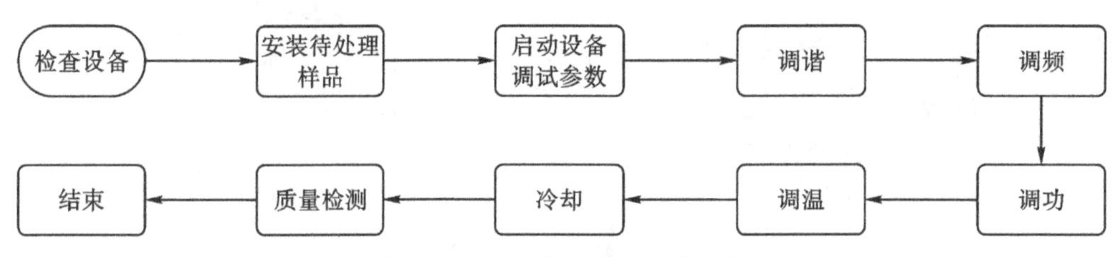

图 4-8　表面感应淬火实验流程

实验过程：

1)检查

所选用的加热电源及淬火机床完好，运行正常。

2)装夹

装好定位夹具或顶尖、感应器，安装好工件及淬火管路。零件和感应器之间保持合理的间隙，如表 4-3 所示。

表 4-3　零件与感应器的间隙参数表

不同零件直径的感应器间隙		齿轮外径与感应器的间隙	
零件直径/mm	间隙/mm	齿轮模数/mm	间隙/mm
15～30	1.5～2.5	1～3	2～5
30 以上	2.5～3.0	3.0～4.5	4～6
长轴类零件连续淬火	3.0～7.0		
* 内孔淬火时，感应器与零件的间隙一般取 1.5～2.5 m。			

3)设备参数调试

供水:启动设备冷却泵、淬火泵并查看管路流量、调整压力。

调谐:连接适当的淬火变压器匝比及电容量,使电源振荡起来,为输出淬火功率做准备。

调频:电源起振后,进一步调节匝比及电容量,并注意电压与电流比例,使之输出的淬火电流频率与工件尺寸相协调。

调功:升高电压。调出工件淬火时所需要的加热功率。

调温:调整加热时间、导磁体分布、感应器与加热部位的间隙(或移动速度),确定淬火加热温度。

调回火温度:调整冷却时间,确定自回火温度。(选自回火时使用,即使不采用自回火,仍然要留一定余温,防止零件开裂)

记录参数:试淬后及时填写感应淬火及回火工艺参数记录表,以备后用。

质量检验:淬火后的样件按规定的方法首先进行表面目检,进一步做表面质量检验。

4. 表面感应淬火质量检测

1)外观

感应淬火后,经目测,不得有裂纹、烧伤、剥落等缺陷。

2)硬度

所测的硬度值不取平均值,其最低硬度亦应符合图样要求。表面硬度的偏差不允许超过表 4-4 的允许值。按 GB/T 230、GB/T 4341 规定测定。

表 4-4　感应淬火后表面硬度偏差值

洛氏硬度(HRC)	表面硬度偏差值(HRC)	
	同一件	同一批
>60	4	5
50～60	4.5	5.5
40～50	5	6

3)金相检测

经磨制、抛光、腐蚀后用金相显微镜观察。晶粒度按 YB/T 5148 测定,5～8 级为合格;金相组织按 JB/T 9204 评定,根据技术要求确定合格范围;心部组织按各行业技术要求评定。

4)裂纹检验

感应淬火后应 100%进行裂纹检验,表面不允许有裂纹。当目测无法确定时,可采用磁粉探伤、荧光检验、着色检验及其他方法检验。可参考 JB/T 9171—1999。

5)变形检验

感应淬火后应检验形变量,如同轴度、平面度等,实际应用中形变应控制在技术条件要求范围内。

5. 表面感应淬火常见问题及原因

感应淬火常见的质量问题：开裂、硬度过高或过低、硬度不均、硬化层过深或过浅等。常见题及原因归纳见表 4－5。

表 4－5　感应淬火常见问题及原因

序号	问题	原因
1	开裂	加热温度过高、温度不均；冷却过急且不均；淬火介质及温度选择不当；回火不及时且回火不足；材料渗透性偏高，成分偏析，有缺陷，含过量夹杂物，零件设计不合理
2	淬硬层过深或过浅	加热功率过大或过低；电源频率过低或过高；加热时间过长或过短；材料渗透性过低或过高；淬火介质温度、压力、成分不当
3	表面硬度过高或过低	材料含碳量偏高或偏低，表面脱碳，加热温度低；回火温度或保温时间不当；淬火介质成分，压力、温度不当
4	表面硬度不均	感应器结构不合理；加热不均；冷却不均；材料组织不良（带状组织偏析，局部脱碳）
5	表面熔化	感应器结构不合理；零件有尖角、孔、槽等；加热时间过长；材料表面有裂纹

6. 感应淬火后组织变化案例

齿轮需选用表面硬度高，心部强、韧性较高的低碳合金钢，一般选用 45 钢。对齿面和心部的强度、韧性要求不高，齿轮心部硬度 21～29 HRC，齿面硬度为 45～50 HRC。图 4－9 所示为 45 钢相变强化后表面组织变化的梯度图。

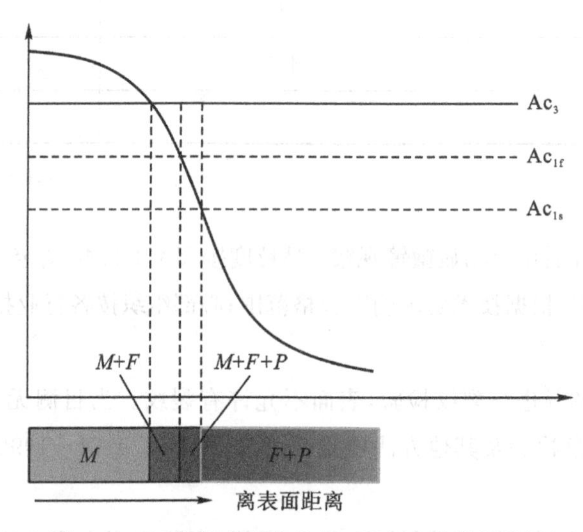

图 4－9　45 钢相变强化后表面组织变化的梯度图

4.2.3　实训报告要求

实训报告的内容应包括：

(1)实训目的及内容；

(2)所用设备及仪器的型号与特性；

(3)详细分析实验过程中的参数设定的起因和作用；

(4)根据所得到的实验数据绘制材料受控相变硬度、硬化层深度与工艺参数的关系；

(5)根据表 4-6 将实验所得数据进行汇总，并分析不同工艺状态下的试样物相、应力变化现象，分析彼此之间的相关性。

表 4-6　感应淬火实验所得数据汇总表

材质	工件尺寸	感应频率	输出功率	工件转速	匝比	电容	时间	
							加热	冷却

4.2.4　思考题

(1)表面感应淬火后，会形成新鲜的马氏体，坚硬易碎，应如何处理？

(2)表面感应淬火后，如何无损检测感应淬火硬化层深度？

4.3　气相沉积镀膜

气相沉积技术可用来沉积大多数金属、金属合金、半导体、绝缘体等多种材料，制备多层结构、不同功能或特殊性能的薄膜沉积技术，其工艺简单、便于精确控制，广泛应用于机械、航空航天、电子、光学和轻工业等领域。气相沉积技术是利用气相中发生的物理、化学过程，在工件表面形成厚度 0.5～10 μm 的薄膜，从而使材料获得所需的各种优异性能，按照气相反应过程可将气相沉积分为化学气相沉积(CVD)和物理气相沉积(PVD)两大类，本节以磁控溅射(MG)为实验内容进行介绍。

4.3.1　实验目的与设备

1. 实验目的

(1)了解气相沉积镀膜原理；

(2)掌握气压、功率、温度等工艺参数与薄膜层结构的关系；

(3)了解不同基底上膜层的生长机制；

(4)掌握气相沉积膜层质量检测方法。

2. 实验设备及材料

(1)实验设备与仪器：磁控溅射设备、超声清洗机、烧杯等；

(2)实验材料：纯水、丙酮、无水乙醇、单晶硅片、玻璃片、金属片、高纯氮气、高纯氩气。

4.3.2 实验内容及方法

1. 磁控溅射设备

磁控溅射是物理气相沉积(Physical Vapor Deposition，PVD)的一种，可用于制备金属、半导体、绝缘体等多种材料，具有设备简单、易于控制、镀膜面积大和附着力强等优点。采用溅射法，在低气压下进行高速溅射，通过在靶阴极表面引入磁场，利用磁场对带电粒子的约束来提高等离子体密度以增加溅射率。与之相对的是化学气相沉积(Chemical Vapor Deposition，CVD)。

1)设备

图 4－10 为磁控溅射设备的工作原理示意图。在电场 E 的作用下，电子与氩原子发生碰撞，产生 Ar 正离子和新的电子；新电子飞向基片，Ar 离子在电场作用下加速飞向阴极靶，并以高能量轰击靶表面，使靶材发生溅射。在溅射粒子中，中性的靶原子或分子沉积在基片上形成薄膜；产生的二次电子会受到电场和磁场作用，以近似摆线形式在靶表面做圆周运动，其轨迹如图 4－10 中弧线所示，并在该区域中电离出大量的 Ar 来轰击靶材，从而实现了高的沉积速率。

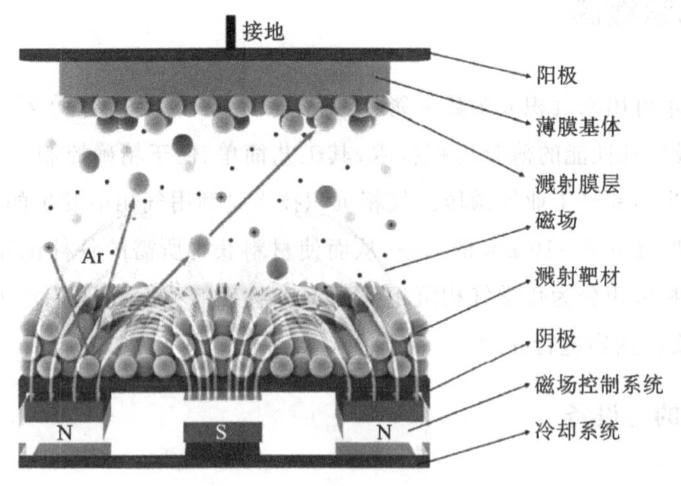

图 4－10　磁控溅射设备原理图

2)工艺参数

磁控溅射设备真空腔底部有 3 个以上靶位,基体位于上方,配备直流和射频两种电源。通过调整 Ar(N_2)气流量、溅射功率、工作气压、溅射时间、基体温度等工艺参数进行沉积镀膜。

3)材料要求

选用不同的薄片状材料,对角线或直径小于 50 mm。

2. 实验注意事项

(1)严格按照设备操作顺序和规程操作设备;

(2)根据靶材的导电性能选用溅射电源:导体选用直流电源,半导体和绝缘体选用射频电源;

(3)靶及基片安装好后,必须用万用表检查靶与屏蔽罩、基片台与腔室是否短接,然后关闭腔室开始抽真空;

(4)电离只可在分子泵运行抽高真空时开启,其他操作前一律都得将其关闭;

(5)注意对设备的保养维护,及时去除基片台及基片挡板、靶屏蔽罩及靶挡板上沉积的各种材料,防止掉渣使靶与屏蔽罩短接烧坏靶;

(6)严禁用丙酮擦拭设备的密封圈等非金属部位。

3. 实验流程及过程

磁控溅射流程图如图 4-11 所示。

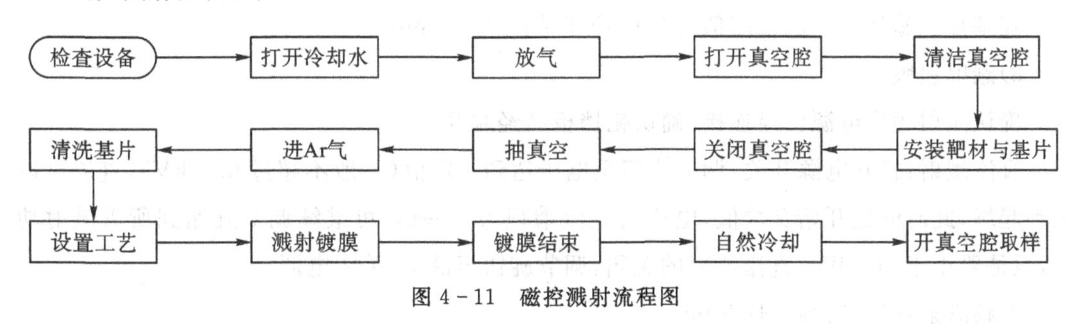

图 4-11　磁控溅射流程图

实验过程(详见视频 5～视频 9):

1)打开冷却水箱电源

检查水压是否达标,水压控制器是否起作用。

2)放气

确认磁控溅射室内部温度已经冷却到室温;检查所有阀门是否处于关闭状态;放气时旋钮缓慢打开,这可以保证进入气流不会太大;放气完毕将气阀关紧。

3)清洁真空腔

将真空腔内部进行彻底清洁,及时去除基片台及基片挡板、靶屏蔽罩及靶挡板上沉积的各种材料,防止掉渣使靶与屏蔽罩短接烧坏靶。

4)安装靶材与基片

提升或降落样品台要注意点动操作,不要连续操作;装卸试样与靶材要戴一次性薄膜手套,避免油污、灰尘等污染。磁控靶屏蔽罩与阴极间距为 2~3 mm,屏蔽罩与阴极应该为断路状态;装载试样要注意试验所用样品座位置与挡板上溅射孔的对应,并记录样品座的编号及目前所对应的靶位;降落样品台时要注意样品台与溅射室的吻合,并用工业酒精擦洗干净样品台与溅射室的配合面。

关闭真空腔。

5)抽真空

确保所有阀门处于关闭状态,开机械泵,开旁抽阀;打开数显真空计电源,观察复合真空计(右边)示数降至 10 Pa 后,打开电磁阀,关闭旁抽阀;打开分子泵电源,待转数达到 400 后开插板阀,开到最大。约 30 min 后,开程控真空计(电离规气压高于 10^{-3} Pa 时设成手动,低于 10^{-3} Pa 后可调至自动观察真空度),所需本底真空值后(5×10^{-4} Pa),准备镀膜。

关闭高真空计,控制阀扳到“阀控”位置,打开 Ar 气瓶阀门调节压力,低真空读数接近溅射压强时,保持进气。

7)清洗基片

在基片上施加一定的偏压值,用 Ar 离子清洗 3~5 min。

8)溅射镀膜

确认溅射靶位电源已经连接,确认靶挡板已经脱开。

直流溅射:打开电源开关,调节旋钮至电压达到一定值(一般不超过 0.3 kV),直流可以顺利起辉,此时电流开始有数值,电压与电流乘积为功率值,可继续调节旋钮到所需溅射功率,但是要小于 160 W。直流溅射的关闭:调节旋钮至最小,关闭电源。

射频溅射:打开射频预热 5 min。

注意:连续溅射 1 h 后需暂停溅射,关闭气路,等抽真空 30 min 后再重新充气溅射。

9)结束

关闭溅射电源,关闭气瓶阀门,关闭进气阀门,打开闸板阀,继续抽真空 30 min 后关闭闸板阀,关闭分子泵、机械泵,冷却 30 min 后,关闭冷却水电源。

4. 气相沉积薄膜质量检测

1)硬度试验

选用维氏硬度计 1 台,在薄膜层表面进行 5 个点以上的硬度 HV 值测试,并比较硬度变化。

2)表面形貌与缺陷分析

使用激光共聚焦、原子力显微镜、扫描电子显微镜等手段,选取一定面积进行扫描,得到膜层粗糙度、微观裂纹,通过断层观察膜层的截面形貌和状态。

3)膜基结合力分析

利用压痕试验或划痕试验方法,获得薄膜与基体的结合情况。

4)表面电阻测量

利用四探针法测量薄膜表面的电阻及其分布特征(详见视频 10)。

5)其他

根据薄膜层的功能或者性能需求,进行光、电或者其他力学性能检测。

4.3.3 实训报告要求

实训报告的内容应包括:

(1)实训目的及内容;

(2)所用设备及仪器的型号与特性;

(3)详细分析工艺过程中的真空度、气压、温度、电源、功率等对薄膜层微观结构和质量的影响;

(4)根据所得到的实验数据绘制工艺参数与膜厚、粗糙度之间的关系;

(5)根据表 4-7 将实验所得数据进行汇总,并分析不同工艺状态下的试样结合力、厚度变化现象,分析彼此之间的相关性。

表 4-7　实验参数与薄膜层质量数据汇总表

基底	流量	温度	偏压	气压	厚度	粗糙度	结合力
Si							
玻璃							

4.3.4 思考题

(1)试讨论物理气相沉积形成 SiO_2 薄膜,在沉积过程中,氧分压或流量对薄膜组织的影响?

(2)归纳和比较表 4-8 中几种镀膜工艺的异同点。

表 4-8　归纳比较以下三种气相沉积镀层特点

沉积方法	成膜特征	薄膜粗糙度	薄膜特性	应用场合
化学气相沉积				
物理气相沉积				

4.4 液相沉积镀膜

液相沉积技术即基体在液体环境中表面生长出膜层的方法，包括电化学沉积、化学沉积、微弧氧化、阳极氧化等技术，是金属材料表面工程领域应用非常广泛的一项技术，尤其是针对铝、镁、钛、锆等合金。在电场的作用下，浸在液体里的金属表面出现等离子火花放电现象，在基体表面生成多孔氧化膜，其厚度可控，膜层颜色可形成白、浅灰、深灰、黑，并可根据实际应用需要进行调整，可提高金属表面耐磨损、耐腐蚀、导电性等性能。

本节以微弧氧化技术(MAO)为实验内容进行介绍。

4.4.1 实验目的与设备

1. 实验目的

(1)了解微弧氧化工艺流程与设备操作；

(2)掌握铝合金微弧氧化工艺参数调试与氧化层形成机理；

(3)了解不同的材料微弧氧化工艺特点；

(4)掌握微弧氧化后处理特点、质量控制与检验方法。

2. 实验设备及材料

(1)实验设备与仪器：去离子水机、干燥箱、微弧氧化设备、测厚仪、电子天平、超声清洗机、空压机等；

(2)实验材料：铝合金、镁合金、微弧氧化用化学药品(硅酸盐或磷酸盐等)。

4.4.2 实验内容及方法

微弧氧化技术，又称微等离子体氧化，是利用弧光放电增强并激活在阳极上发生的氧化反应，从而在以铝、钛、镁金属及其合金的表面形成优质的强化陶瓷膜的方法，是通过专用的微弧氧化电源在工件上施加电压，使工件表面的金属与电解质溶液相互作用，在工件表面形成微弧放电，在高温、电场、溶液中的氧等因素的作用下，金属表面形成陶瓷膜，达到工件表面强化的目的。

1. 微弧氧化过程

1)微弧氧化设备

图 4-12 为微弧氧化设备的原理示意图，包括电源、电解液池、压缩空气通道、流体动力发生器、阴极和阳极。电解液池的不锈钢内壁作为阴极，待氧化金属作为阳极，置于脉冲电解液中，样品表面因受到电压作用而发生等离子放电，在高温高电压下表面形成很薄一层氧化物绝缘层。

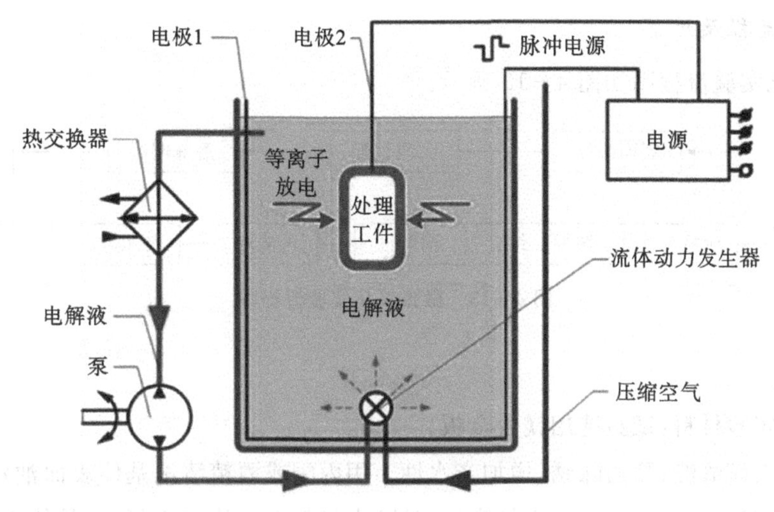

图4-12　微弧氧化设备原理图

2)微弧氧化过程及特点

铝合金样品放入电解质溶液中，通电后金属表面立即生成很薄一层 Al_2O_3 绝缘层。当电压超过某一临界值时，这层绝缘层的某些薄弱部位被击穿，发生微弧放电现象：浸在溶液里的样品表面可以看到无数个游动的“电弧”，十分细小、密度很大、存在时间很短、瞬间温度达几千摄氏度；因为击穿总是随机地发生在氧化膜的薄弱环节，生成均匀的 Al_2O_3 薄膜。

微弧氧化反应包含以下几个基本过程：阳极氧化阶段、火花放电阶段、微弧氧化阶段和熄弧阶段。在此过程中，化学氧化、电化学氧化、微弧氧化同时发生，故陶瓷层 Al_2O_3 的形成过程非常复杂，膜层在与基体相接触的部位组织致密，而表面组织较疏松。

3)工艺参数

通过调整工作电压、电流密度、脉冲占空比、微弧氧化时间、液体酸碱度等工艺参数进行沉积镀膜。

4)材料要求

微弧氧化对样品的形状要求不高，本次实验选用薄片状材料，方便悬挂和检测。

2. 实验注意事项

(1)严格按照操作顺序和规程操作设备，以保证人身安全；

(2)注意试样浸入电解液中不能与桶壁接触，否则短路损坏机器；

(3)按下电源键时有可能跳闸，此时拉下电闸，将负极夹子在桶壁上换一个位置，接通控制柜中的保护开关，再推上电闸重新开始实验；

(4)实验过程中，请勿接触电解池内壁、试样、悬挂线等；

(5)如遇异常情况，首先关闭电源键。

3. 实验流程及过程

微弧氧化实验流程图如图 4－13 所示。

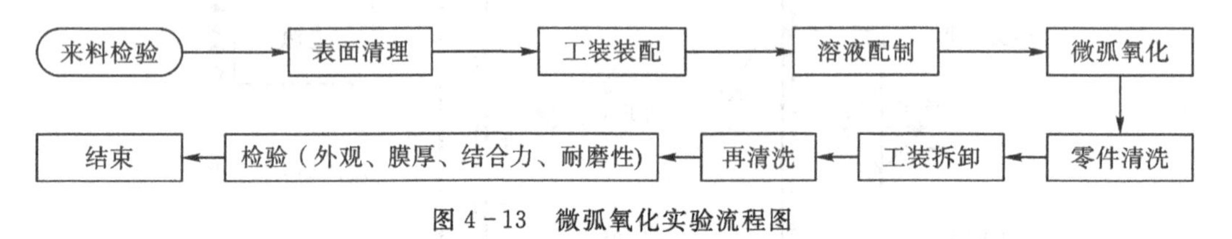

图 4－13　微弧氧化实验流程图

实验过程：

(1)选择实验材料：试验选用镁合金板。

(2)基体表面清洗：除油除锈，增加亲水性。用丙酮或酒精清洗基体表面油污；然后使用砂纸(380/500/800/1000)进行表面打磨，一是除去材料表面的氧化膜，二是使工件表面更加平整，微弧氧化膜层更加均匀；然后在丙酮溶液和去离子水中分别超声清洗 10 min，自然干燥。

(3)微弧氧化：①根据试验方案及实验条件，称取所需的电解质，在 1000 mL 烧杯中用去离子水溶解。②将配制好的溶液(微弧氧化溶液配置见表 4－9)放入冷却水槽中，按要求连接好阴极和阳极，注意确保工件和线路良好的接触，否则氧化时会因接触不良产生局部漏电现象。③启动搅拌器，若使用小型冷却水槽，则不需要冷去系统，其放出的热量能够很快放出。④启动微弧氧化电源，选择合适的工作方式(恒流或恒压)，按实验条件设定工艺电参量进行微弧氧化。⑤实验过程结束后，关闭微弧氧化电源及其他设备。

表 4－9　微弧氧化溶液配置表

溶液号	六偏磷酸钠/(g/L)	硅酸钠/(g/L)	钨酸钠/(g/L)
1	35	10	19.2
2	35	10	22.5
3	35	10	25.9

(4)取出工件，用流动蒸馏水冲洗，干燥，对试样进行硬度、厚度、磨损、腐蚀等性能的检测。

4. 微弧氧化膜层质量检测

1)硬度试验

选用维氏硬度计，对微弧氧化后的每个样品进行 3～5 个点的硬度 HV 值测试，并比较硬度变化。

2)厚度测量

采用涡流测厚仪进行厚度测量,从振荡频率的降值测量膜层厚度值。涡轮测厚仪原理示意图如图 4－14 所示。

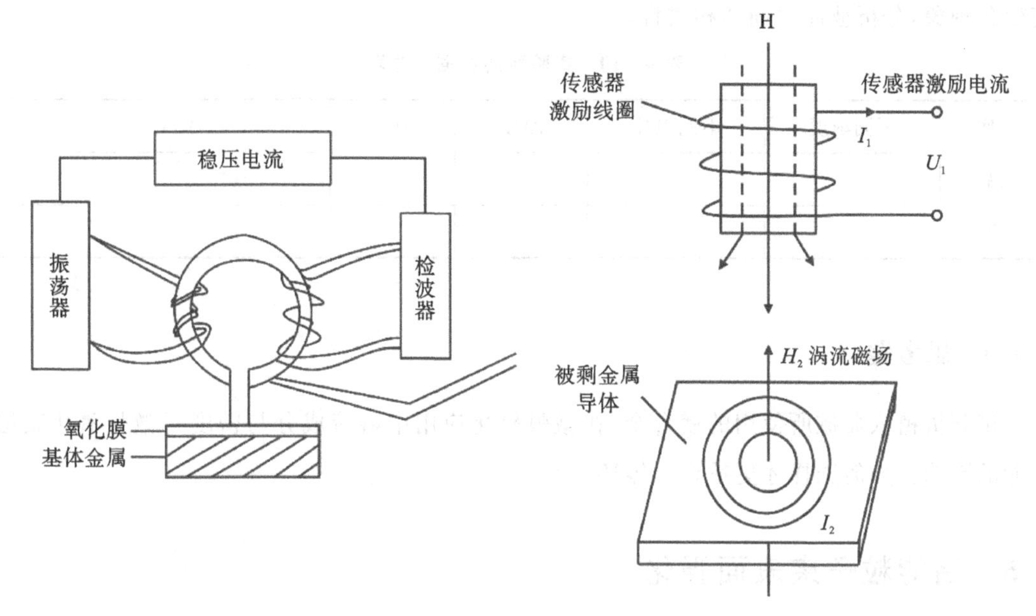

图 4－14　涡轮测厚仪原理示意图

3)镀层结合力分析

选用划痕仪对不同工艺参数的镀层进行结合力分析。

4)镀层粗糙度检测

使用激光共聚焦仪器,选取一定面积进行扫描,得到镀层粗糙度。

5)镀层表面形貌和截面形貌分析

观察不同工艺参数下的膜层的形成与特征,表征截面形貌和表面形貌。

6)表面电阻测量

利用探针法测量薄膜表面的电阻及其分布特征,并选取不同部位进行测量,检查是否存在导通现象或者缺陷部位。

7)其他

根据膜层的功能或性能需求,进行腐蚀性能、电学或者其他力学性能检测。

4.4.3　实训报告要求

实训报告的内容应包括:

(1)实训目的及内容;

(2)所用设备及仪器的型号与特性;

(3)详细分析工艺过程中的每道工序的温度、时间以及工艺参数的影响;

(4)根据所得到的实验数据绘制工艺参数与膜厚、粗糙度之间的关系;

(5)根据表 4-10 将实验所得数据进行汇总,并分析不同工艺状态下的试样结合力、厚度变化现象,分析彼此之间的相关性。

表 4-10 实验所测数据汇总表

基底	不同浓度	不同电压	厚度	硬度	结合力
铝					
镁					

4.4.4 思考题

试分析植入器械所使用的镁合金,在微弧氧化应用中溶液成分与密度对微弧氧化膜层性能的影响?如何选择才更适合人体环境?

4.5 高能粒子束表面强化

高能粒子束表面强化又称之为“三束改性”,是利用激光束、电子束、离子束等手段,赋予材料优异的表面耐磨、耐腐蚀、耐冲蚀性能,广泛应用于高精密模具和高端装备的机械零件。此类技术采用的粒子束能量具有高密度、高方向性、可调节范围大的特点,因此利用率高、加热速度快、工件表面至内部温度梯度大、可以快速自冷淬火、工件变形小、生产效率高,不仅可以提高零部件的质量和寿命,还可实现新型超细、超薄、超纯材料的合成,半导体材料的表面改性。本节以激光熔覆技术为实验内容进行介绍。

4.5.1 实验目的与基本要求

1. 实验目的

(1)了解激光熔覆的激光器、加工机床、送粉器、喷嘴结构和组成;

(2)熟悉激光熔覆技术中三种基本送粉方法;

(3)掌握激光熔覆过程中工艺参数对熔覆层质量的影响;

(4)掌握激光熔覆后处理方法、质量控制与检验方法。

2. 实验设备及材料

(1)实验设备与仪器:干燥箱、球磨机、激光熔覆设备;

(2)实验材料:H13 钢、45 钢基体、Fe 基、Ni 基金属粉末。

4.5.2 实验内容及方法

激光熔覆是通过不同的添料方式，经激光辐照，在基体表面熔化，并快速凝固后形成低稀释率的熔覆层，与基体形成冶金结合，显著改善基体材料表面的耐磨、耐蚀、耐热、高温抗氧化等性能，从而达到表面改性或再制造修复的目的，这样做既满足了对材料表面特定性能的要求，又促进了材料的循环利用。

1. 激光熔覆过程

1)激光熔覆原理

图 4 - 15 为激光熔覆设备原理示意图，包括激光系统、机床数控系统、送粉系统、喷头系统。在上述构建的系统中，送粉装置输送金属粉末，在激光器产生的高功率激光作用下，配合工作台运动(直线或旋转)，便可进行平面类和轴类零件的激光熔覆。其中喷头是激光熔覆系统的关键核心部件，可实现激光束传输、变换、聚焦和熔覆材料的同步输送，在基材表面实现激光束、熔覆材料、熔池之间的精确耦合并连续形成熔覆层。

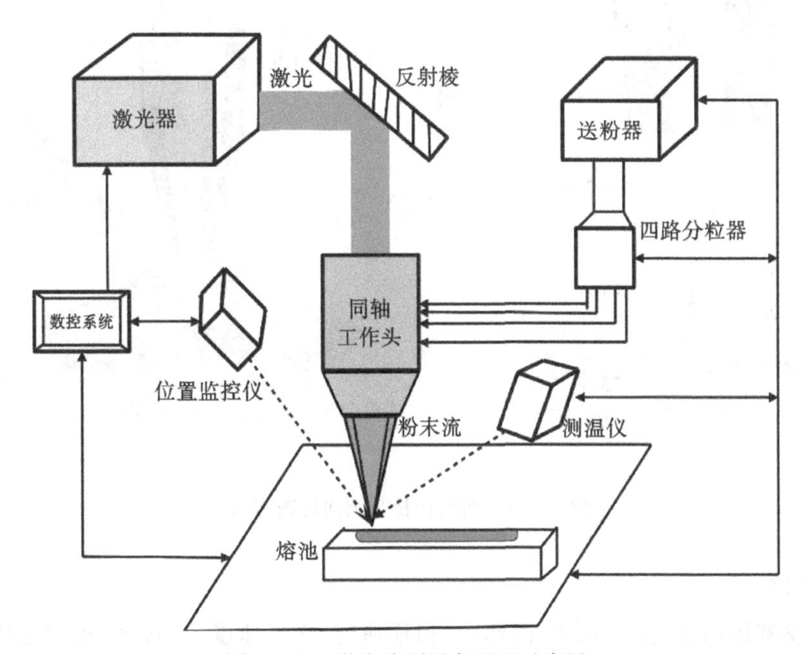

图 4 - 15　激光熔覆设备原理示意图

2)熔覆粉末输送方法

按照熔覆材料的添加方式(下文中的材料均以粉末为例)，激光熔覆送粉可以分为预置粉末法和同步送粉法。预置粉末法是将粉末以黏结或喷涂的方式预置在基材表面，然后采用激光辐射扫描熔化形成熔覆层。此方法工艺简单，操作灵活，但粉末烧损严重，熔覆层存在气孔和裂纹多、组织不致密、表面粗糙等缺陷。同步送粉法是采用送粉器使粉末连续输送至激光作用区(有同步侧向送粉和同轴送粉两种),以实现材料的熔覆加工。同步送粉法具有自动化程度高、熔覆速度快、成形性好等特点,在激光熔覆中得到了广泛应用,但该方法对粉末的颗粒度和流动性等方面要求较高。

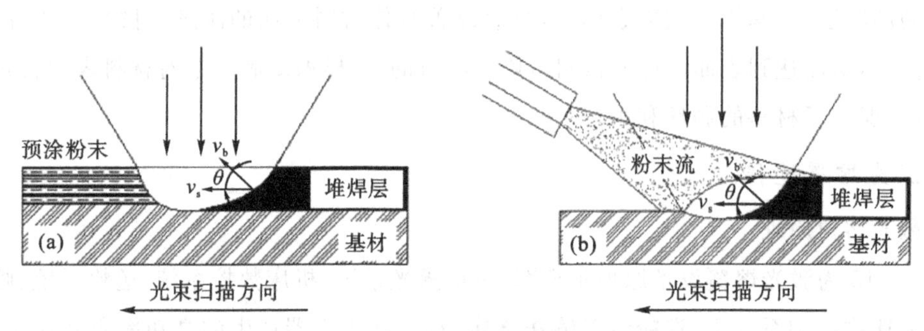

图 4-16 激光熔覆扫描方向

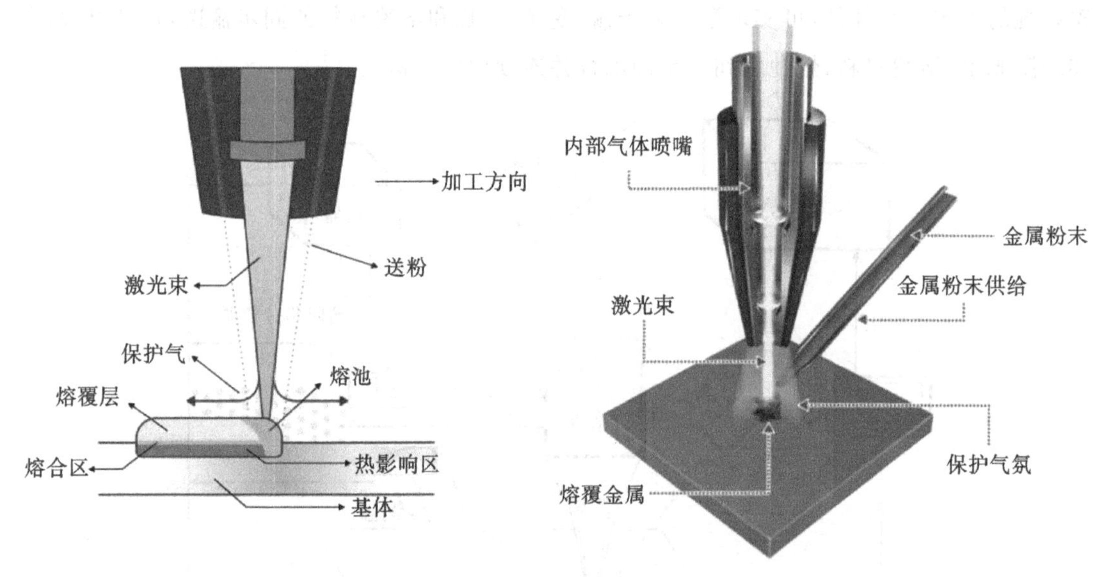

图 4-17 同轴送粉与侧向送粉方式

3)工艺参数

通过调整基体温度、激光功率、离焦量、扫描速度、送粉速度、搭接率、粉末配比等工艺参数进行激光熔覆。

4)材料要求

基体可选用不同厚度的钢板或者不同直径的轴类零件进行熔覆;粉末可选用不同粒度,方便熔覆层组织进行对比。

5)激光强化表面结构示意图(见图 4－18)

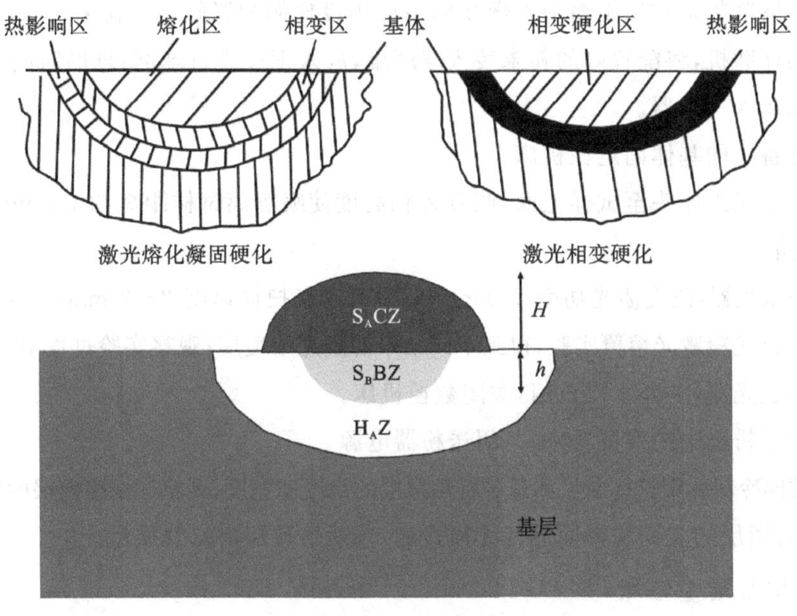

H_AZ—热影响区;S_BBZ—半熔化区;S_ACZ—覆层。

图 4－18　激光强化后截面结构示意图

2. 实验注意事项

(1)开启设备前应首先检查保护气是否充足;

(2)熔覆前对激光器镜头进行擦拭(采用脱脂棉配合酒精);

(3)金属粉末长时间放置后,球磨前需要进行烘干;

(4)金属基体表面应除锈除油,提高亲水性;

(5)在熔覆过程中,要佩戴专用眼镜观察,严禁直视激光束;

(6)送粉过程中应随时观察送粉的连续性,防止断粉;

(7)实验过程中、结束后,请勿碰触熔覆试样,避免烫伤;

(8)如遇异常情况,首先关闭激光电源。

3. 实验流程及过程

(1)预置式激光熔覆的工艺流程:基材熔覆表面预处理(喷砂)→预置熔覆粉末→预热→激光熔化→后热处理。

(2)同步式激光熔覆的工艺流程:基材熔覆表面预处理(喷砂)→球磨粉末→添加粉末→预热基体→送料激光熔化→后热处理。

实验过程:

(1)准备好的 H13/45 钢基体,利用喷砂设备进行表面喷砂清洗,试样表面用酒精进行超声清洗干净，用干燥箱烘干备用。

(2)将待熔覆粉末在烘干箱中干燥 2 h；按照预设比例配置好合金粉末。

(3)启动球磨机，将配置好的粉末装入球磨罐，放入钢球进行球磨，球磨时间 8 h；球磨完成后，将粉末放入送粉器。

(4)将准备好的基体固定在机床上。

(5)移动激光工作头至试样上面，调节 Z 轴高度使喷嘴离试样距离约 1.5 mm；设置激光喷头的熔覆路径。

(6)启动激光器，改变激光功率 1000～2000 W，改变扫描速度 2～7 mm/s，改变送粉速度 6～13 g/s，进行送粉激光熔覆实验，得到不同结果的激光熔覆层；观察实验过程中的实验现象。

(7)关闭激光器，关闭水冷机组，关闭数控机床。

(8)清理送粉器中的残留粉末；关闭送粉器电源。

(9)待试样冷却后用游标卡尺测量各种熔覆层的高度和宽度，观察记录熔覆层的外观形貌。

(10)对熔覆层的表面和界面进行无损检测，判断熔覆层的宏观质量。

4.激光熔覆质量检测

(1)裂纹检测。采用渗透法进行熔覆层无损检测，观察不同工艺参数下的裂纹数量，并记录。

(2)硬度试验。选用维氏硬度计沿熔覆层截面，测量表面到界面处的硬度变化，并记录。

(3)稀释率计算。选用单道熔覆层的截面，计算熔覆层的稀释率变化。

(4)熔覆层应力检测。选用 X 射线应力仪对熔覆层后的样品进行表面和截面应力测试，并记录，得到表面应力值和截面应力变化趋势。

(5)其他性能测试。

5.数据记录表

1)激光功率对熔覆层截面的影响(记录于表 4 - 11 中)

表 4 - 11　激光功率对熔覆层外貌的影响

编号	激光功率	宽度	高度
1			
2			

2)送粉速率对熔覆层截面的影响(记录于表 4 - 12 中)

表 4 - 12　送粉量对熔覆层外貌的影响

编号	送粉量	宽度	高度
1			
2			

3)扫描速度对熔覆层截面的影响(记录于表 4－13 中)

表 4－13　扫描速度对熔覆层外貌的影响

编号	扫描速度	宽度	高度
1			
2			

4.5.3　实训报告要求

实训报告的内容应包括：

(1)实训目的及内容；

(2)所用设备及仪器的型号与特性；

(3)绘制不同工艺参数下的熔道高度曲线、稀释率变化曲线、宽度曲线、应力变化曲线、硬度变化曲线、截面应力变化趋势曲线等；

(4)根据得到的实验数据绘制材料激光强化后硬度、组织与工艺参数的关系表；

(5)根据表 4－14 将实验所得数据进行汇总分析熔覆层优化工艺参数。

表 4－14　激光熔覆优化工艺数据汇总表

材质	激光强化方式	激光强化功率	送粉速度	扫描速度	应力值	硬度	裂纹	其他

4.5.4　思考题

对同一种基体，试分析激光合金化和激光熔覆的区别？强化效果的差异？

第5章　金属材料热处理综合实训

5.1　形变强化残余应力松弛实训

基体表面发生形变强化后会在表层引入残余压应力，表现为表层残余压应力可使裂纹萌生的位置从表面层下移至次表层，同时还可降低已生裂纹扩展的速度，从而有效提高材料表面性能。但残余压应力的分布及其稳定性直接影响材料性能改善程度。因此，研究残余应力松弛致使形变层的组织结构变化具有十分重要的实际应用意义。本节以喷丸强化为实训案例进行介绍。

5.1.1　实验目的与基本要求

1. 实验目的

(1)了解热处理对残余应力的影响；

(2)掌握残余应力与加热参数(温度、时间)的关系变化；

(3)掌握等温条件下的组织结构变化规律；

(4)提出形变强化工艺的优化方法。

2. 实验基本要求

(1)实验设备与仪器：气氛热处理炉、X射线应力衍射仪、金相显微镜；

(2)实验材料：喷丸后的TC4钛合金和奥氏体不锈钢。

5.1.2　实验内容及方法

1. 奥氏体不锈钢不同温度/时间强化层的应力松弛行为分析

(1)在研究奥氏体不锈钢喷丸层在等温条件下的组织结构变化时，松弛温度选择为600 ℃、650 ℃、700 ℃、750 ℃，保温时间最长为2 h。

(2)利用X射线衍射应力分析仪CuKa测量γ－Fe(311)衍射峰，测定不同松弛条件下形变层的残余应力变化规律，并利用Voigt分析方法对不同退火条件下晶粒度进行计算。

(3)观察不同温度、不同时间处理后的试样金相组织、晶粒度。

(4)绘制在不同松弛条件下晶粒尺度随保温时间的变化规律,如图 5－1 所示。

(5)观察不同松弛条件下的位错密度变化,并绘制表面位错密度在不同温度下随保温时间的变化曲线。

2. TC4 钛合金不同温度/时间强化层的应力松弛行为分析

(1)在研究 TC4 钛合金喷丸层在等温条件下的组织结构变化时,松弛温度选择为 200 ℃、300 ℃、350 ℃、400 ℃、450 ℃,保温时间最长为 1 h。

(2)利用 XRD 应力分析仪 Cr*K*a 测量衍射晶面(103)衍射峰,测定不同松弛条件下形变层的残余应力变化规律,并利用 Voigt 分析方法对不同退火条件下晶粒度进行计算。

(3)磨制金相样品,利用金相显微镜观察不同温度、不同时间处理后的试样金相组织、晶粒度。

(4)绘制在不同松弛条件下晶粒尺度随保温时间的变化规律,如图 5－1 所示。

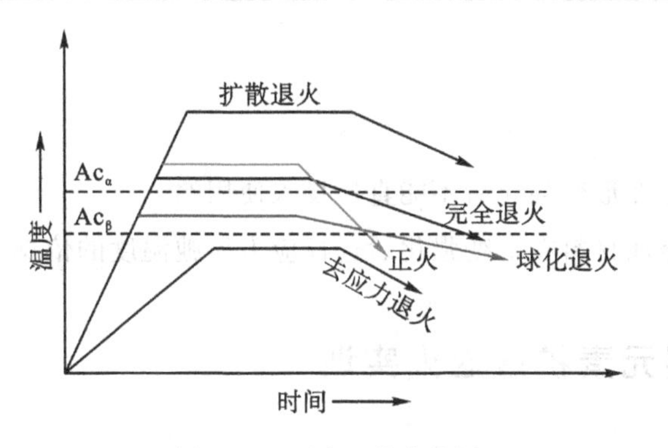

图 5－1　退火工艺曲线图

(5)观察不同松弛条件下的位错密度变化,并绘制表面位错密度在不同温度下随保温时间的变化曲线。

5.1.3　实训注意事项

(1)热处理实验操作前应穿戴好防护用品(工作服、手套);热处理工件出炉时应注意安全,以免烫伤。

(2) 应力松弛温度选择:低合金钢不得超过 205 ℃,耐腐蚀钢不得超过 400 ℃,铝合金不得超过 95 ℃,钛合金不得超过 205 ℃。

(3)在热处理炉中放置样品时,工件不能相互叠放,并尽可能放在相同热区域的位置,避免不同位置温差的影响,尤其是管式炉中。

5.1.4 实训报告要求

实训报告的内容应包括：

(1)实训目的及内容；

(2)实训所用设备及仪器的型号与特性；

(3)分析温度与时间对晶粒度、位错密度和残余应力松弛行为的影响；

(4)根据所得到的实验数据(实验数据填入表5-1中)和分析结果对4.1节形变强化工艺参数进行优化，并说明原因。

表5-1 实验所得数据汇总表

材质	温度	保温时间	冷却速率	金相组织	晶粒度	平均残余应力值 σ

5.1.5 思考题

(1)为什么零部件在形变强化后不能直接投入使用？

(2)请思考不同金属材料在形变强化后选择应力松弛温度的依据。

5.2 膜层/涂层元素扩散退火实训

在薄膜或涂层制备过程中，因沉积速度较快，往往会导致非平衡结构或元素不均匀，需要长程扩散才能消除，采用扩散退火是有效途径之一。表面处理后的膜层/涂层厚度较薄，元素扩散的屏障大为减少，正确地设计扩散退火工艺，有助于消除膜层/涂层中组织成分不均匀性，减少非平衡结构，促进晶格重组，在实际生产应用中有重大意义。本节以气相沉积薄膜中元素扩散退火为例进行介绍。

5.2.1 扩散退火原理

扩散退火，亦称均匀化退火，是在退火温度范围内进行高温加热并保温，在炉内自然冷却的过程，是应用于钢及非铁合金(如锡青铜、硅青铜、白铜、镁合金等)的铸锭或铸件的一种退火方法。即将铸锭或铸件加热到该合金的固相线温度以下的某一较高温度，长时间保温，然后缓慢冷却下来。扩散退火是通过于加热过程中合金内原子发生固态扩散和相溶解，来减轻化学成分不均匀性(偏析)，主要是减轻晶粒尺度内的化学成分不均匀性(晶内偏析或称枝晶偏析)。扩散退火温度之所以如此之高，是为了加快合金元素扩散，但需要尽可能缩短保温时间，减少晶粒粗大化。

5.2.2　实验目的与基本要求

1. 实验目的

(1)了解快速退火设备以及工艺设计；

(2)熟悉退火温度与元素扩散的关系；

(3)掌握退火工艺(温度、升降温速率、时间)对微观组织的影响；

(4)对比退火前后膜层组织变化，提出气相沉积工艺优化方法。

2. 实验基本要求

(1)实验设备与仪器：快速气氛退火炉、扫描电镜、X射线衍射仪、维氏硬度计、RTS-9型四点探针测试仪；

(2)实验材料：Ti-Si-Al-N硬质薄膜、Cu/Zr-B-O-N薄膜。

5.2.3　实验内容及方法

1. Ti-Si-Al-N硬质薄膜快速退火实验

1)样品准备

准备五组样品：一组为未退火处理的薄膜样品，另外四组准备进行热处理样品；样品尺寸保持一致，可采用线切割机将试样切割成10 mm×10 mm×2 mm的块体，样品尺寸不宜太大；进行去油去污清洗。

2)快速退火处理

硬质薄膜进行快速退火时，通入高纯氮气进行保护，温度可选择800 ℃、900 ℃、1000 ℃、1100 ℃四种温度，升降温速率可选择10 ℃/s 、30 ℃/s、50 ℃/s，保温时间根据膜层厚度进行计算。可分别选择两个温度、两个速率进行实验分析。

3)膜层物相成分分析

利用X射线衍射仪，对未处理和处理后的样品进行物相分析，对比几种谱线的异同。

4)膜层微观形貌与元素分布分析

利用扫描电镜观察硬质膜层表面和截面两个部位的组织形态变化。利用EDS面扫描分析Ti、Si、Al、N、O等几种元素的分布情况。

5)硬度测试分析

利用维氏硬度计测试薄膜硬度，加载载荷选择50 mN或100 mN，保载时间为10 s，载荷不宜太大，以避免基体的影响；每个样品测试5次以上取平均值。

2. Cu/Zr－B－O－N/Si 扩散阻挡层扩散退火实验

1)样品准备

准备五组样品：一组为未退火处理的薄膜样品，另外四组为准备进行热处理的样品；样品尺寸保持一致，可采用金刚石刀将试样切割成 10 mm×10 mm×2 mm 的块体，样品尺寸不宜太大；进行去油去污清洗。

2)快速退火处理

阻挡层薄膜进行扩散退火时，需在高真空环境中进行，温度可选择 500 ℃、600 ℃、700 ℃、800 ℃四种温度，升降温速率可选择 10 ℃/s 、30 ℃/s、50 ℃/s，保温时间为 10～30 min。可分别选择两个温度、两个速率进行实验分析。

3)膜层物相成分分析

利用 X 射线衍射仪掠射法，对未处理和处理后的样品进行物相分析，比较几种谱线的异同。

4)膜层微观形貌与元素分布分析

利用扫描电镜观察硬质膜层表面和截面两个部位的组织形态变化。利用 EDS 面扫描或线扫描分析 Cu、Zr、B、O、N、Si 等几种元素的分布情况。

5)膜层方阻测试分析

用数字式四点探针测试仪测定薄膜的方块电阻，每个样品测试 5 次并取平均值，记录数据并绘制变化曲线。

5.2.4 实训注意事项

(1)热处理实验操作前应穿戴好防护用品(工作服、手套)，注意安全，以免烫伤；

(2)快速退火工艺开始前，请检查并保证冷却系统能正常工作；

(3)保温时间一般按截面厚度每 25 mm 保温 30～60 min，或按每毫米厚度保温 1.5～2.5 min进行计算；

(4)在热处理炉中放置样品时，工件不能相互叠放，并尽可能放在相同热区域的位置，避免不同位置温差的影响，尤其是在管式炉中。

5.2.5 实训报告要求

实训注意的内容应包括：

(1)实训目的及内容；

(2)实训所用设备及仪器的型号与特性；

(3)制定并绘制扩散退火工艺路线，记录相关参数对结果的影响；

(4)根据所得实验数据(实验数据记录于表 5－2 中)和分析结果对 4.3 节气相沉积工艺参数进行优化，并说明原因。

表 5－2　实验所测数据汇总表

基体材质	膜层材质	升温速率	保温时间	降温速率	方块电阻	光吸收率	硬度/HV

5.2.6　思考题

合金元素如何影响金属材料的组织和性能？

5.3　激光熔覆层消应力退火实训

激光熔覆表面强化属于快速熔凝工艺，所获涂层的组织细小致密，与基体保持冶金结合，但易导致残余应力过大、基体变形、熔覆层出现气孔、裂纹及剥落等问题，因而往往需要在激光熔覆工序后进行消应力退火处理，也有利于熔覆层在高温服役环境下的安全可靠性。由于材料成分、加工方法、内应力大小及分布的不同，应力去除的难度不同，消应力退火温度范围较大，需进行工艺优化。消应力退火也适用于其他高能离子束表面强化后处理工序。

5.3.1　实验目的与基本要求

1. 实验目的

(1)了解热处理对微观组织和残余应力的影响；

(2)掌握微观组织与加热参数(温度、时间)的关系变化；

(3)了解热处理条件对熔覆层残余应力的影响规律；

(4)提出激光熔覆工艺的优化方法。

2. 实验基本要求

(1)实验设备与仪器：真空热处理炉、X 射线应力衍射仪、金相显微镜、维氏硬度仪；

(2)实验材料：Fe 基、Ni 基激光熔覆样品。

5.3.2　实验内容及方法

1. 熔覆层消应力退火实验

1)样品准备

准备三组样品：一组为未热处理的熔覆层样品，另外两组为准备进行热处理的样品，样品尺寸保持一致。可采用线切割机将试样切割成 50 mm×50 mm×15 mm 的块体，样品尺寸不宜太小。进行去油去污清洗。

2)消应力退火

设置好真空热处理炉参数。选定热处理温度为 300 ℃、500 ℃、600 ℃、800 ℃、1100 ℃等五个温度点,保温时间为 15 min、30 min、1 h、2 h、5 h 五个时间节点,后空冷。可选择三个不同温度、三个不同时间进行对比。

3)熔覆层残余应力分析

利用 X 射线应力仪测量衍射峰,找到衍射最强峰,选用 15°、30°、45°三个不同掠射角测定残余应力值,并利用 Voigt 分析方法对不同退火条件下的应力进行计算,做好记录,并绘制变化曲线。

4)熔覆层微观组织观察

残余应力检测后,制备金相样品,观察金相组织变化;使用 X 射线衍射仪对熔覆层的物相组成和结晶程度进行分析;利用数显维氏硬度计测试基体和熔覆层的显微硬度。做好记录,并绘制变化曲线图。

2. 退火规范

(1)开炉(须先完全关闭炉门)后,缓慢升温至 300 ℃以下,随后以 100 ℃/h 的速度升温,加热到预定温度,并保持炉内在加热过程中,各区的温度差不大于 20 ℃。

(2)加热到预定温度后,按预定时间在炉内进行保温处理。

(3)之后,停止加热,退火试样随炉缓慢冷却到 300 ℃以下后才能从炉中移出,置于静止的空气中直至冷却到室温。

5.3.4 实训注意事项

(1)线切割设备操作时,请固定好样品,切勿触摸切割线。

(2)热处理实验操作前应穿戴好防护用品(工作服、手套),热处理工件出炉时应注意安全,以免烫伤。

(3)为了避免过大的热应力,热处理应该控制装炉温度、加热温度、升温速率,如图 5-2 所示为消应力退火工艺示意曲线。

(4)在热处理炉中放置样品时,试样下面应予以垫平或垂直,试样与炉底、炉壁及工件相互之间的距离不得小于 100 mm;工件不能相互叠放,并应选择热状态变形最小的位置放置;尽可能放在相同热区域的位置,避免不同位置温差的影响,尤其是在管式炉中。

(5)使用硬度计时,应正对仪器缓慢转动手轮:如手轮转动时手感较重,应马上停止操作,检查加载手柄位置是否正确,以免损坏仪器。

(6)由于激光熔覆涂层材料和厚度存有差异,选取热处理工艺要查阅相关资料,确定合理的工艺路线。

(7)如遇异常情况,首先关闭热处理炉/线切割机电源。

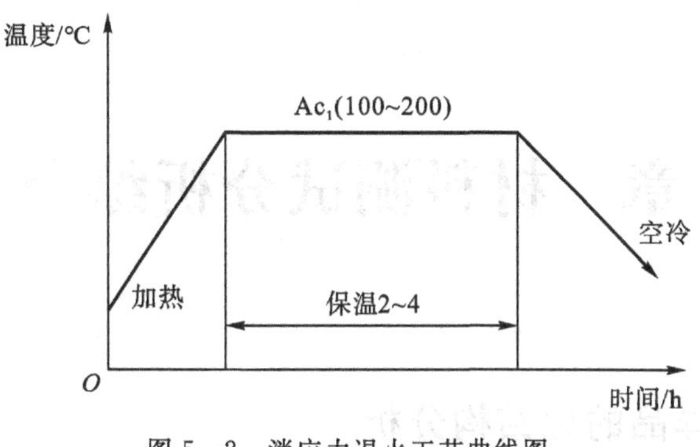

图 5-2　消应力退火工艺曲线图

5.3.5　实训报告要求

实训报告的内容应包括:

(1)实训目的及内容;

(2)实训所用设备及仪器的型号与特性;

(3)制定并绘制热处理工艺路线,记录相关参数对结果的影响;

(4)根据所得实验数据(实验数据记录于表 5-3 中)和分析结果对 4.5 节激光熔覆工艺参数进行优化,并说明原因。

表 5-3　实验所测数据汇总表

材质	样品尺寸	温度	保温时间	冷却速率	金相组织	晶粒度	硬度/HV	平均残余应力值 σ

5.3.6　思考题

(1)如何选择消应力退火时的温度才能避免降低熔覆层硬度和力学性能?

(2)比较钢的完全退火和消应力退火工艺曲线,并思考两者的异同点?

第6章　材料测试分析综合实训

6.1　激光熔覆样品的微结构分析

6.1.1　实验目的与基本要求

1. 实验目的

(1)了解样品微观组织结构，分析样品的制备方法；

(2)了解金相显微镜、XRD、SEM、EDS等分析设备及方法；

(3)熟悉激光熔覆样品的微观形貌及组织结构特点；

(4)分析测试条件对材料组织结构的影响。

2. 实验中使用的设备、仪器、材料

(1)实验设备与仪器：中走丝线切割机、金相显微镜、X射线衍射仪、扫描电子显微镜、能谱仪等；

(2)实验材料：激光熔覆样品、手磨砂纸、水磨机、抛光机、4%的硝酸酒精溶液等。

3. 实验步骤与要求

(1)了解原始样品制备过程、工艺方法和工艺条件；

(2)学习线切割机的结构、使用方法与安全操作规程，分别选取熔覆表面和截面部位取样，并采用冷镶或热镶技术完成样品初步制备；

(3)采用金相制备样品方法观察和分析取样位置样品的微观形貌和组织结构及有无缺陷；

(4)采用XRD分析熔覆样品的物相组成；

(5)采用SEM表征熔覆样品的微观形貌；

(6)采用EDS分析熔覆层表面及截面样品的元素分布规律；

(7)利用专用软件分析和总结实验数据，绘制实验结果谱线，明确并严格遵守实验室的安全规章制度。

6.1.2　实验方法及原理

1. 熔覆层物相分析

激光熔覆样品以金属材料为主，有时会掺杂陶瓷材料作为强化相。物相分析的原理基于当 X 射线被晶体衍射时，金属或陶瓷相物质都有自己独特的衍射花样，它们的特征可以用晶面间距和衍射线的相对强度来表征。

XRD 测试前要了解熔覆样品可能的物相构成，选取合适的衍射角范围进行 XRD 信号的提取，测试过程中注意做好设备型号、阳极靶材、电压、电流等测试信息的记录。之后，利用 JADE 卡片进行标定，要进行曲线的背底扣除和平滑等操作。针对物相的标定，可以选用多相混合分析方法。最后能够用 Origin 软件进行图谱绘制。图 6－1 是某熔覆样品的 XRD 标定结果。

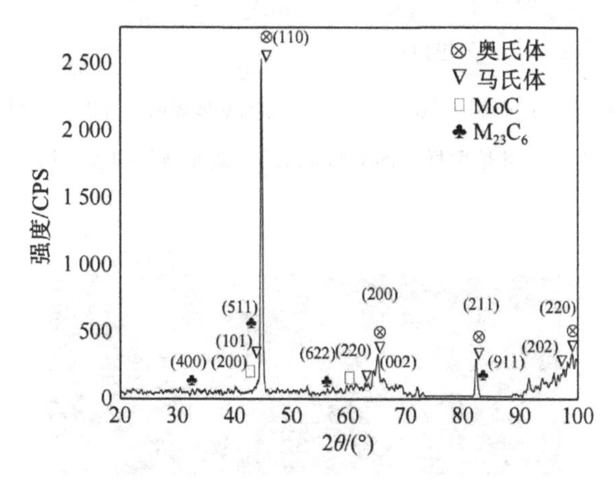

图 6－1　某熔覆样品的 XRD 标定结果

2. 熔覆层截面形貌观察

使用金相显微分析和 SEM 手段分析熔覆层样品的截面形貌。注意比较两种不同分析方法对样品微观形貌表征的差异，如图 6－2 所示。

3. 熔覆层主要成分分布的测定

熔覆样品的元素分布采用能谱仪进行表征。其原理是各种元素具有自己的 X 射线特征波长，特征波长的大小则取决于能级跃迁过程中释放出的特征能量 ΔE，利用不同元素 X 射线光子特征能量不同这一特点可以进行成分分析。如图 6－3 所示为某熔覆样品的 EDS 线扫描表征结果示意图。

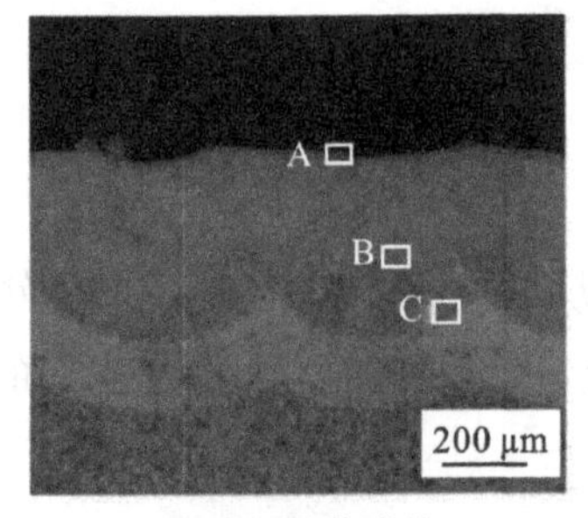

(a) 涂层整体形貌

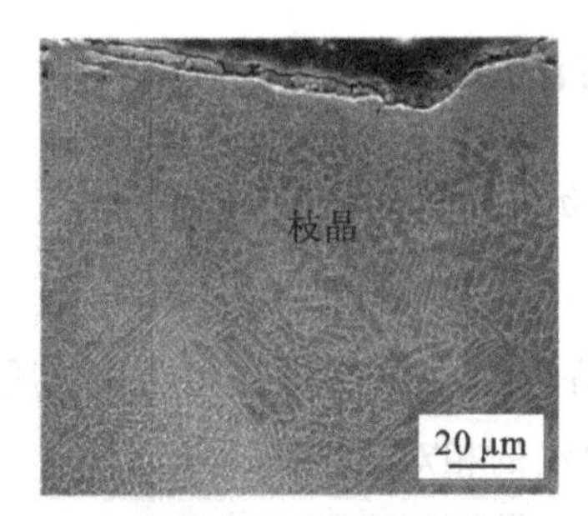

(b) 涂层表面（A区域）形貌

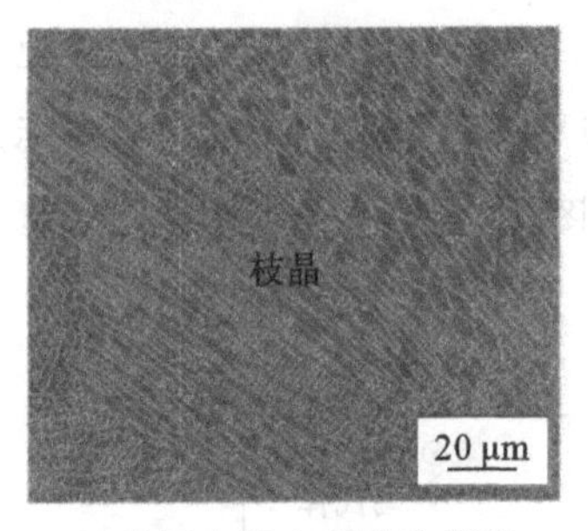

(c) 涂层中部（B区域）形貌

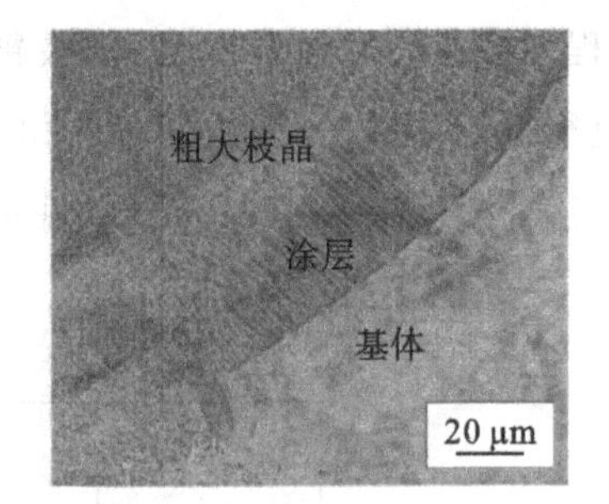

(d) 底部/基体界面结合去（C区域）形貌

图 6-2　某熔覆样品的 OM 和 SEM 截面微结构表征结果

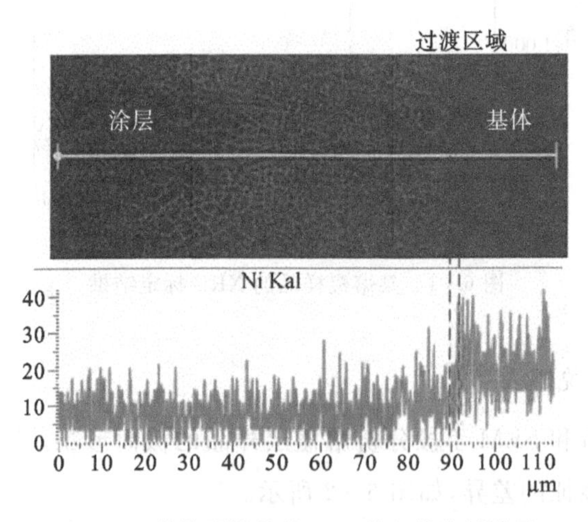

图 6-3　某熔覆样品的 EDS 线扫描表征结果

6.1.3　实训注意事项

(1)不同测试手段样品制备存在差异，不同材料的分析样品制备也不同，要根据指导教师提供的样品进行正确的制样和分析；

(2)XRD 标定过程如何区分多相是难点，要依据样品制备工艺特点和原材料进行综合判定。

6.1.4　实训报告要求

实训报告的内容应包括：

(1)根据所做样品分析微观组织结构分析方法的优缺点；

(2)根据测试得到的 XRD 图谱，利用 JADE 软件进行分析标定的过程；

(3)根据实验过程总结熔覆类样品制备对物相和微观形貌分析的影响因素。

6.1.5　思考题

(1)激光熔覆、激光合金化、激光淬火不同样品微结构分析时样品制备的异同点？

(2)激光熔覆选用陶瓷相作为增强相时，陶瓷相的微结构分析可以选用哪些方法进行表征？

6.2　镀层样品的微结构表征

6.2.1　实验目的与基本要求

1. 实验目的

(1)了解样品微观组织结构分析样品的制备方法；

(2)了解金相、XRD、AFM、SEM、EDS 微结构分析方法；

(3)熟悉镀层样品的微观形貌及组织结构特点；

(4)分析测试设备和测试条件对材料组织结构的影响。

2. 实验中使用的设备、仪器、材料

(1)实验设备与仪器：X 射线衍射仪(XRD)、原子力显微镜(AFM)、扫描电子显微镜(SEM)、能谱仪(EDS)、X 射线光电子能谱仪(XPS)；

(2)实验材料：PVD 样品或热喷涂样品、酒精、丙酮、镊子。

3. 实验步骤与要求

(1)了解原始样品制备过程、工艺方法和工艺条件；

(2)采用掠射 XRD 方法分析薄膜样品的物相组成；

(3)采用 AFM 表征薄膜样品的表面微观形貌；

(4)采用 SEM 表征薄膜样品的表面微观形貌和截面微观形貌；

(5)采用 EDS 分析薄膜表面及截面样品的元素分布规律；

(6)采用 XPS 分析薄膜样品内元素组织结构；

(7)利用专用软件分析和总结实验数据,绘制实验结果谱线,明确并严格遵守实验室的安全规章制度。

6.2.2 实验方法及原理

1. 镀层样品物相分析

这里以薄膜样品为例说明镀层类样品的分析。薄膜往往沉积在非金属或金属基体上,厚度在纳米至微米级,因此薄膜的 XRD 物相分析应选取专用的薄膜附件进行测试。物相分析的原理:当 X 射线被晶体衍射时,金属或陶瓷相物质都有自己独特的衍射花样,它们的特征可以用晶面间距和衍射线的相对强度来表征。此外,依据 Scherrer 公式利用衍射峰的宽度来分析样品的晶粒尺寸:

$$d = \frac{k \cdot \lambda}{\beta \cdot \cos\theta} \tag{6-1}$$

式中,d 为晶粒尺寸,Å;β 为半高宽,rad;k 为晶粒尺寸所引起的衍射峰的宽化,k 为常数,对于立方晶格 $k=0.89$;λ 为 X 射线波长,Å;θ 为 Bragg 衍射角,rad。

XRD 测试前要了解薄膜样品可能的物相构成,选取合适的掠射角和衍射角范围进行 XRD 信号的提取,测试过程中注意做好设备型号、阳极靶材、电压、电流等测试信息的记录。之后,利用 JADE 卡片进行标定,要进行曲线的背底扣除和平滑等操作。针对物相的标定,可以选用多相混合分析方法。最后能够用 Origin 软件进行图谱绘制,如图 6-4 所示。

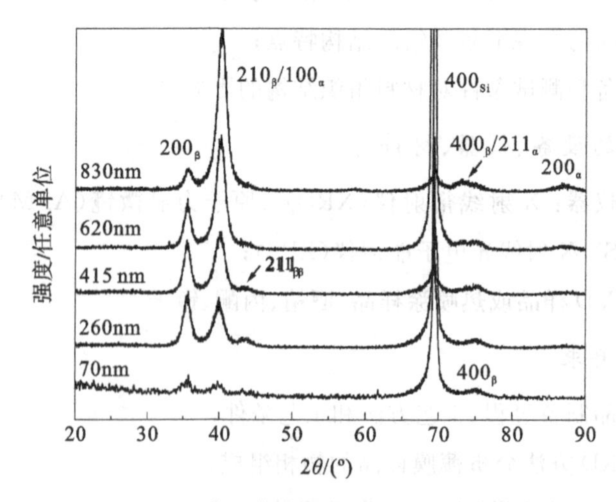

图 6-4 典型薄膜样品的 XRD 标定结果

2. 镀层样品表面

镀层样品的表面形貌采用 AFM 进行表征,如图 6-5 所示。其原理是将一个对微弱力极敏感的微悬臂一端固定，另一端有一个微小的针尖，其尖端原子与样品表面原子间存在极微弱的排斥力，利用光学检测法或隧道电流检测法，通过测量针尖与样品表面原子间的作用力获得样品表面形貌的三维信息。

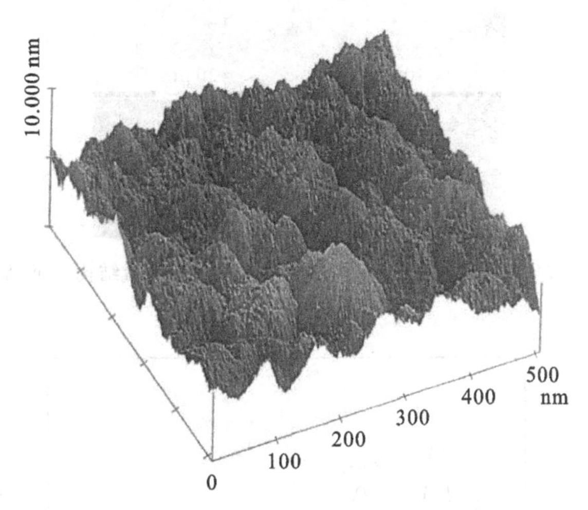

图 6－5　某 Cu/Ni 多层膜样品的 AFM 表面形貌图

3. 镀层样品表面和截面形貌观察

使用 SEM 和 TEM 观察镀层样品表面和截面的形貌特征，测试时，为降低 O_2 及 H_2O 的吸附对检测结果的影响，仅在样品放入检测真空室分析前对样品进行截面制样，典型表征结果如图 6－6 和图 6－7 所示。每个样品扫描多个区域且观察区域足够大，以确保采集到样品的典型特征形貌。

4. 镀层样品内组织结构分析

采用 XPS 可以分析镀层样品内元素的存在形式以此判定物相组成。XPS 的原理是用 X 射线辐射样品，激发原子或分子的内层电子或价电子，这些被光子激发出来的电子称为光电子。可以测量光电子的能量，以光电子的动能/结合能（$E_b = h\upsilon$ 光能量 $- E_k$ 动能 $- W$ 功函数）为横坐标，相对强度（脉冲/s）为纵坐标可做出光电子能谱图，如图 6－8 所示，从而获得试样有关信息。

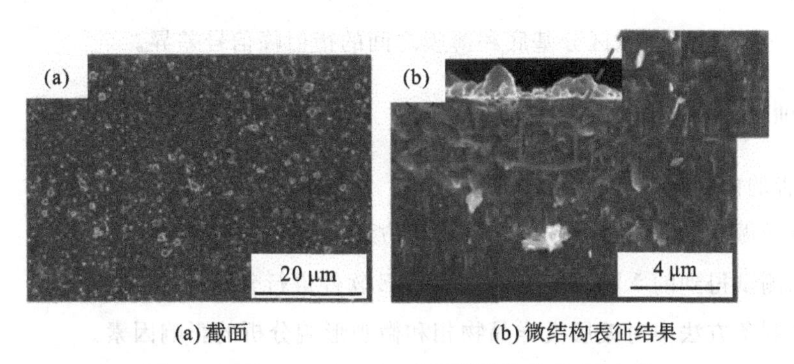

(a) 截面　　(b) 微结构表征结果

图 6－6　某 CrNx/CrAlN 多层膜样品的 SEM 表面

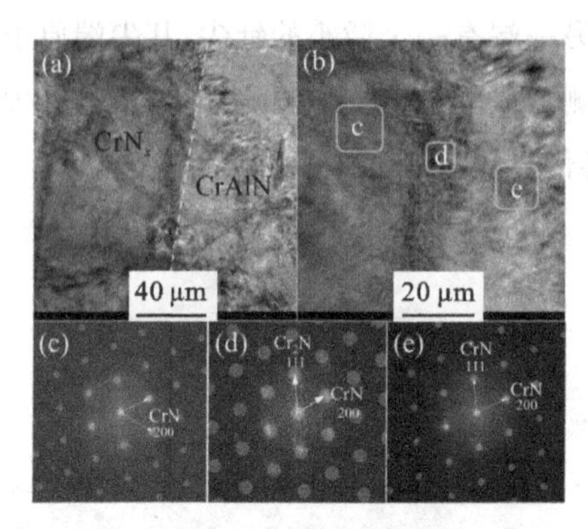

图 6－7　某 CrN_x/CrAlN 多层膜样品的 TEM 微结构表征结果

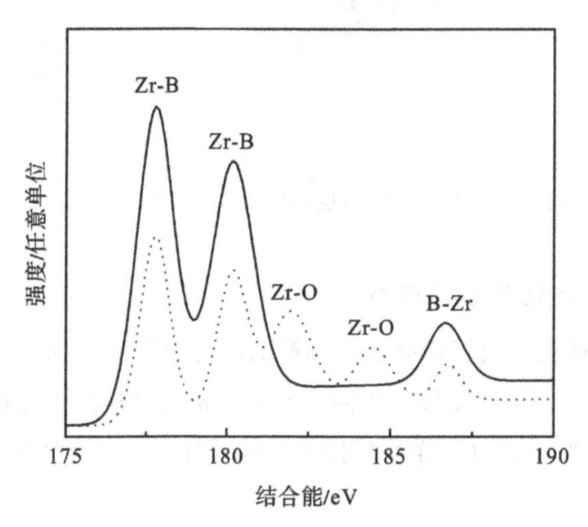

图 6－8　某 ZrB2 薄膜样品的 XPS 图谱结果

6.2.3　实训注意事项

(1)薄膜样品的存取要注意保护,样品制备时需佩戴专用手套和口罩,以保护样品表面干净无污染;

(2)XRD 分析时要注意区分基底和薄膜之间的衍射峰信号差异。

6.2.4　实训报告要求

实训报告的内容应包括:

(1)根据所做样品分析微观组织结构分析方法的优缺点;

(2)根据测试得到的 XRD 图谱,利用 JADE 软件进行分析标定的过程;

(3)总结制备方法中对镀层类样品物相和微观形貌分析的影响因素。

6.2.5　思考题

(1)PVD、CVD、热喷涂等不同镀层样品微结构分析时样品制备的异同点?

(2)薄膜样品截面形貌的表征,在样品制备时有哪些注意事项?

6.3　金属 3D 打印件的残余应力测试

6.3.1　实验目的与基本要求

1. 实验目的

(1)了解 X 射线应力测定仪的基本结构特点和主要技术特性;

(2)了解 X 射线残余应力测定方法的原理;

(3)熟悉 X 射线残余应力测定方法的操作及数据分析;

(4)分析测量参数对材料残余应力测定结果的影响。

2. 实验中使用的设备、仪器、材料

(1)实验设备与仪器:X350A 型 X 射线应力仪、电解抛光机,如图 6-9 所示。

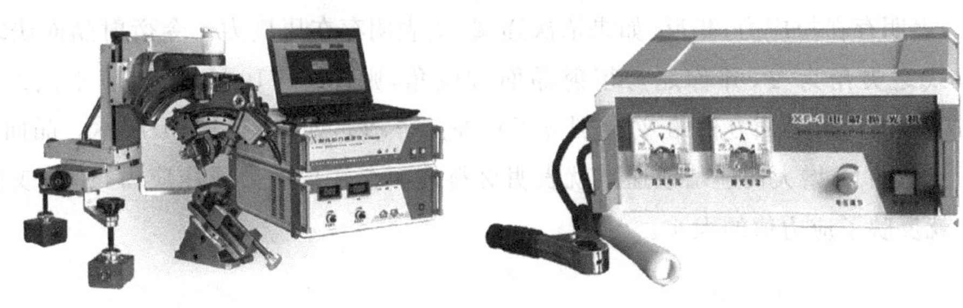

(a) X350A型应力仪　　(b) 电解抛光机

图 6-9　X 射线残余应力测试及辅助设备

(2)X 射线应力仪技术指标。

2θ 范围:120～170°;

Ψ 范围:−6°～60°;

2θ 最小扫描步距:0.01°;

2θ 步进扫描时间:0.1～20 s;

管电压:15 kV～30 kV;

管电流:3～10 mA。

(3)实验材料:金属 3D 打印样品(钛合金、不锈钢或 TC4)、酒精、丙酮、镊子等。

3. 实验步骤与要求

(1)了解金属 3D 打印样品制备过程、工艺方法和工艺条件；

(2)利用 X 射线应力测定仪对试样表面确定方向的残余应力进行测试(采用 0～45°法及 $\sin^2\Psi$ 法)；

(3)用半高宽法等不同定峰方法确定衍射峰位；

(4)测试材料表面不同位置的残余应力，选取两个固定点结合电解抛光机的使用测试残余应力沿 3D 打印深度方向的变化；

(5)利用专用软件分析和总结实验数据，绘制实验结果谱线，明确并严格遵守实验室的安全规章制度。

6.3.2 实验方法及原理

1. X 射线应力测定的基本思路

依据布拉格定律 $2d\sin\theta=n\lambda$，测定衍射角 2θ，可计算出衍射晶面间距 d。假定被测材料为晶粒不粗大、无织构的多晶体，在一束 X 射线照射范围内应该有足够多的晶粒，而且所选定的(hkl)晶面的法线在空间呈均匀连续分布。如图 6-10(a)所示，按倾角大小依次确定晶面法线 ON_0、ON_1、…、ON_4，通过衍射可以分别测定对应于这组法线的晶面间距 d_0、d_1、…、d_4。如果这些晶面间距在测量误差范围内是相等的，表明材料中无应力；如果 d_0、d_1、…、d_4 依次增大，表明存在拉应力；相反，如果依次递减，则表明存在压应力。令衍射晶面法线与试样表面法线之夹角为 Ψ，并称之为衍射晶面方位角，则图 6-10(a)中对应于法线 ON_0、ON_1、…、ON_4 的衍射晶面方位角 Ψ 分别等于 0、Ψ_1、…、Ψ_4，如图 6-10(b)所示。晶面间距 d 随着晶面方位角 Ψ 增大而递增或递减就表明材料表面存在拉应力或压应力，递增或递减的急缓程度就反映了应力值的大小。

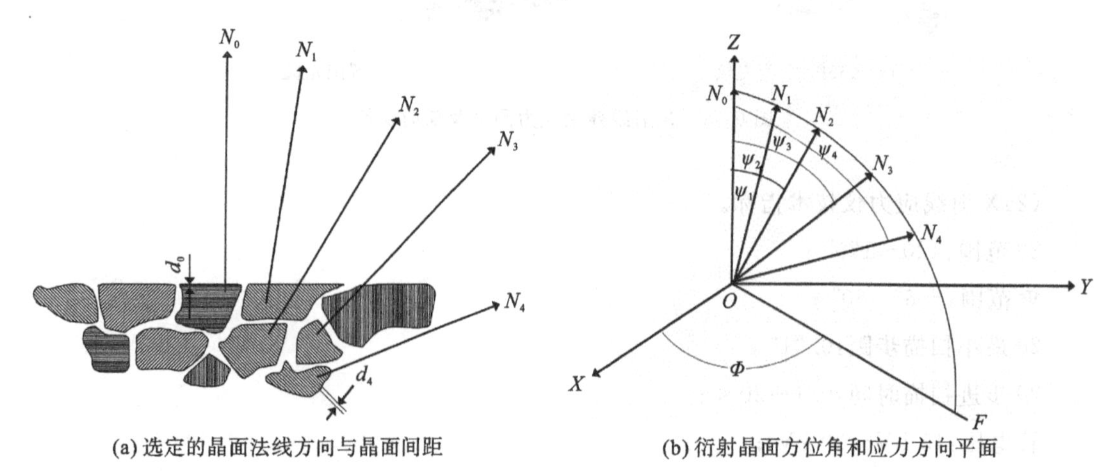

(a) 选定的晶面法线方向与晶面间距

(b) 衍射晶面方位角和应力方向平面

图 6-10　X 射线应力测定原理示意图

根据布拉格定律和弹性理论可以导出所谓 $\sin^2\Psi$ 法的应力测定公式：

$$\sigma=K\cdot M \tag{6-2}$$

$$M=\frac{\partial 2\theta}{\partial \sin^2\Psi} \tag{6-3}$$

式中，σ 为应力值；K 为应力常数；2θ 为对应于各 Ψ 角的衍射角测量值；M 即 2θ 对 $\sin^2\Psi$ 的变化斜率(见图 6-11)。由布拉格定律可知它反映的就是晶面间距 d 随衍射晶面方位角 Ψ 的变化趋势和急缓程度。图 6-11 中，2θ 随 $\sin^2\Psi$ 增大而增大，说明 d 随之减小，显然是压应力。

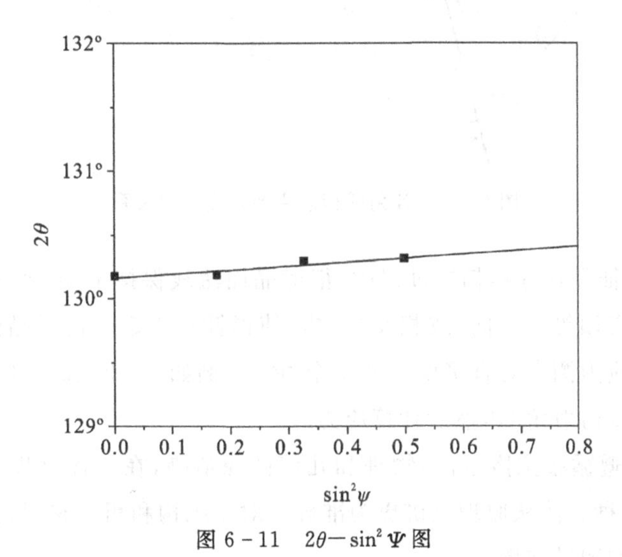

图 6-11　2θ—$\sin^2\Psi$ 图

X射线应力测定的实质或应力测定的基本思路就是选定若干个 Ψ 角，测定它所对应的衍射角 2θ。应当指出，图 6-10(b)中法线 ON_0、ON_1、…、ON_4 所在的平面习惯上叫做 Ψ 平面，实际上就是应力方向平面，该平面与试样表面 XOY 的交线 OF 即为所测应力的方向。

2. 固定 Ψ 法进行应力测定

图 6-12 是X射线应力测定的角度关系示意图。X射线从X射线管产生，经过入射光阑或准直管截取一束合适的光束照射到试样表面，设置X射线探测器，以照射点为中心进行扫描寻峰，测定衍射角 2θ。这就是最基本的衍射装置。入射线与试样表面法线的夹角叫做入射角 Ψ_0，而衍射角 2θ 指的是入射线的延长线与出现衍射峰时的反射线之间的夹角。根据入射角等于反射角的光学反射定律，可以判定衍射晶面法线应当处在入射线与衍射线的角平分线的位置，它和试样表面法线之夹角 Ψ 即衍射晶面方位角(详见视频 11～视频 13)。

按照寻峰扫描方式的不同，应力测定方法可分为固定 Ψ_0 法和固定 Ψ 法。

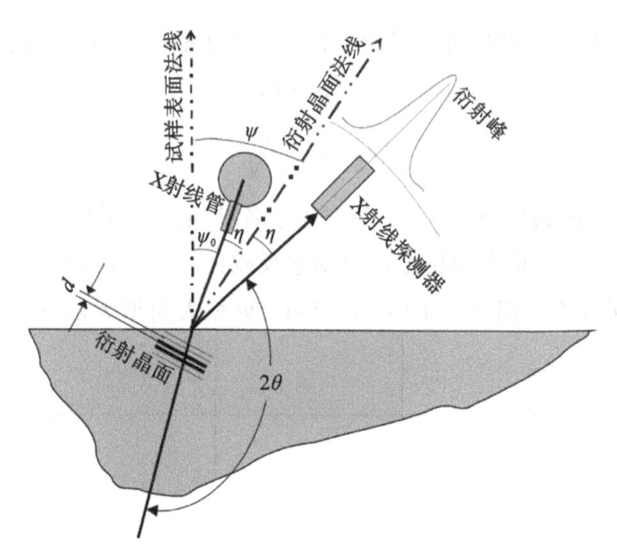

图 6-12 X射线衍射主要角度几何关系

固定 Ψ 法的特征是在寻峰扫描过程中，衍射晶面法线保持不动，即 Ψ 角固定；为此，入射线和探测器轴线必须等量相向（或相反）扫描，使得针对指定的衍射晶面法线而言入射角始终等于反射角。应力测定时直接设定若干个 Ψ 角（例如 0°、25°、35°、45°），在每个 Ψ 角都进行这样的扫描求得衍射角 2θ，然后计算应力。

固定 Ψ 法严格遵循布拉格定律，物理和几何图像清晰，在扫描过程中参与衍射的晶面始终不改换，所以这种方法从原理上讲更为准确。对于织构和粗晶材料，只有采取这种方法才有可能得到较好的测量结果。

6.3.3 实训注意事项

(1)在 X 射线应力测定技术中，试样表面处理是关键问题之一。因为所用 X 射线一般不属硬射线，在金属表面的有效穿透深度通常为几微米至十几微米，测得的应力就是这个深度内应力的加权平均值。显然，试样表面状态对测量结果有决定性影响。原则上讲，表面光洁度越高，应力测定就越准确；粗糙的表面应力会有一定程度的释放。GB 7704—1987 规定被测部位表面粗糙度 Ra 应当小于 10 μm；

(2)选择测试点应当尽量避开工件表面缺陷和磕碰划伤痕迹。采用适当的方法清除油污、氧化皮和锈斑，使测试部位露出洁净的金属表面。这里应当注意尽量不使用坚硬工具，避免伤及原始表面。例如，去除油污可以使用有机溶剂，去除氧化皮可以使用稀盐酸等化学试剂。去除表面层测定一定深度的应力可以使用电解抛光机。

6.3.4 实训报告要求

实训报告的内容应包括：

(1)宏观应力测定的基本原理及 X 射线应力测试仪的衍射几何特点；

(2)测试结果及影响分析，包括试样名称、材料牌号、3D 打印制备方法、冷热加工过程及热处理状态、测试条件、0～45°法及 $\sin^2\Psi$ 法的计算过程和结果；

(3)总结金属 3D 打印样品表面及内部残余应力的规律，分析实验过程对应力测试结果的影响。

6.3.5　思考题

(1)金属 3D 打印零部件的残余应力受哪些打印工艺参数的影响？

(2)如果测试得到残余拉应力，后续有哪些消应力的措施？

6.4　再制造及增材制造件的无损检测

6.4.1　实验目的与基本要求

1. 实验目的

(1)了解渗透检测、磁粉检测、射线检测、超声波检测、涡流检测的原理；

(2)了解再制造及增材制造零部件常用无损检测的设备及器材；

(3)熟悉再制造及增材制造零部件常用无损检测行业标准；

(4)掌握再制造及增材制造零部件常用无损检测的操作要点，能独立完成检测工艺的制定及结果分析；

(5)分析不同无损检测方法对再制造及增材制造零部件测定的适用性。

2. 实验中使用的设备、仪器、材料

(1)实验设备与仪器：便携式渗透检测剂、便携仪磁粉检测机、便携仪 X 射线机、脉冲反射式超声检测仪、涡流测厚仪，如图 6 - 13 所示。

(2)实验材料：激光熔覆样品(钛合金、不锈钢或 TC4)、微弧氧化涂层样品、对比试块、标准试块、像质计、酒精、丙酮、水砂纸、镊子等。

3. 实验步骤与要求

(1)了解待测样品制备过程、工艺方法和工艺条件；

(2)利用渗透检测对样品表面缺陷进行测试；

(3)利用磁粉检测对样品表面及近表面缺陷进行测试；

(4)利用射线检测对样品内部缺陷进行测试；

(5)利用超声波检测对样品内部缺陷和特征尺寸进行测试；

(6)总结实验数据并分析实验结果,明确并严格遵守实验室安全规章制度。

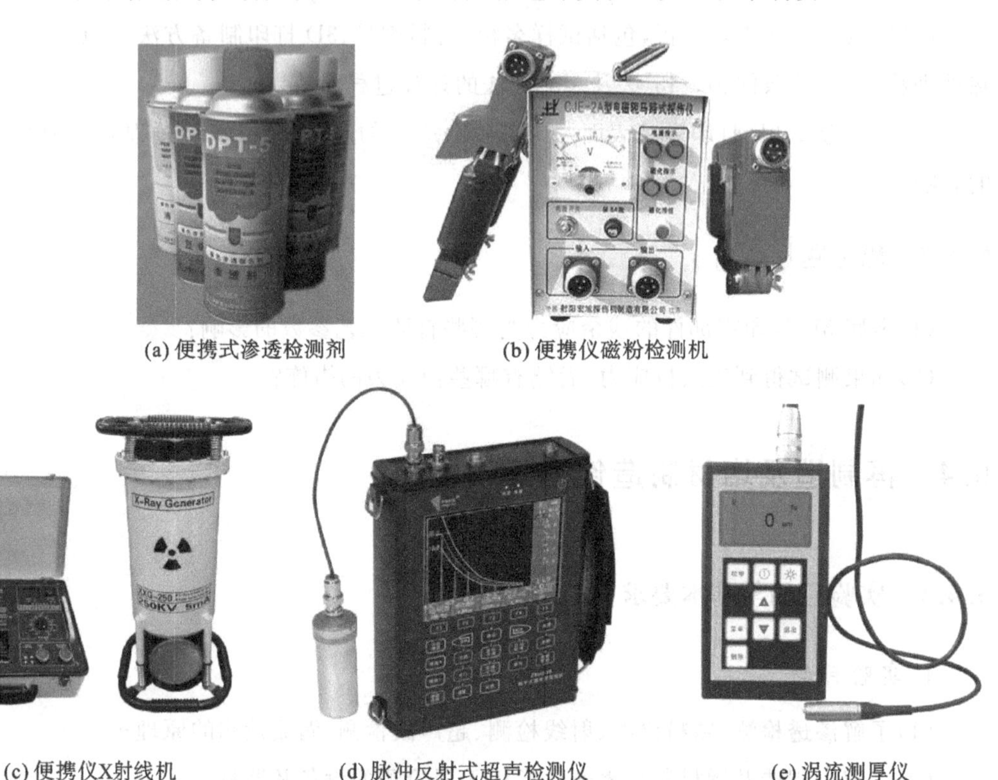

(a) 便携式渗透检测剂　　(b) 便携仪磁粉检测机

(c) 便携仪X射线机　　(d) 脉冲反射式超声检测仪　　(e) 涡流测厚仪

图 6-13　无损检测典型设备

6.4.2　实验方法及原理

1. 样品表面开口缺陷分析

渗透检测是一种以毛细作用原理为基础的,检查非多孔性材料表面开口缺陷的无损检测方法,也称为 PT 检测。将溶有着色染料或荧光染料的渗透剂施加于材料表面,由于毛细现象的作用,渗透剂渗入各类开口至表面的微小缺陷中,清除附着于材料表面上多余的渗透剂,干燥后再施加显像剂,缺陷中的渗透剂重新回渗到材料表面,形成放大了的缺陷显示,在白光下或在黑光灯下观察,缺陷处可呈红色显示或发出黄绿色荧光,目视即可检测出缺陷的形状和分布。

渗透检测是一种表面检测方法,主要用于探测肉眼无法识别的裂纹类表面损伤,如激光熔覆后材料表面裂纹、气孔、夹杂等缺陷(见图 6-14)。检测时要依据检测灵敏度要求、被检测材料表面状态、现场条件等因素选择合适的渗透检测材料系统和检测方法。渗透检测的基本步骤包括预清洗、渗透、去除表面多余渗透剂、干燥、显像和检验六个步骤。

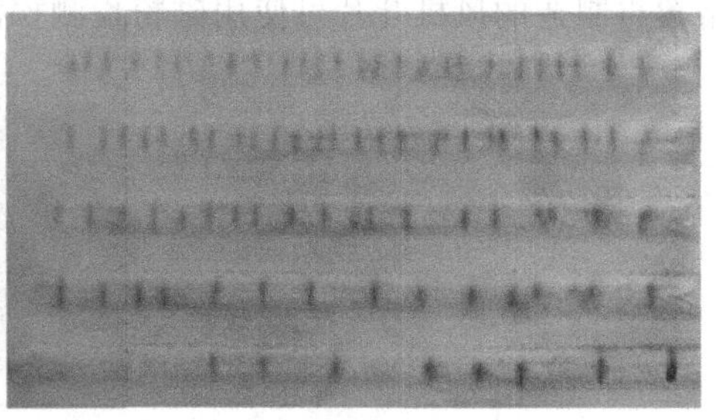

图 6 - 14　典型的激光熔覆样品 PT 检测前后对比照片

野外现场检测或者生产环节进行渗透检测常采用便携式渗透检测剂，一般装在密闭的喷罐内。操作时喷嘴应与材料表面保持一定的距离，保证检测剂雾化，施加均匀，同时喷罐要远离火源，以免引起火灾。观察显示应在显像剂施加后 7～60 min 内进行，在适当光照条件下用照相机直接把缺陷的痕迹显示拍照记录保存。缺陷显示的分类和质量等级可参考 JB/T 4730.5—2005 标准。完成渗透检测后，应当去除显像剂涂层、渗透剂残留痕迹及其他污染物，以保证被检测材料不被损害或污染。渗透检测的结果最终以检测报告的形式做出评定结论，报告应包括但不限于被检测材料状态、名称、规格、编号、加工方法、检测方法及条件、操作方法、检测结论、照片或示意图、检测日期和检测人员姓名等。

2. 样品表面及近表面缺陷分析

磁粉检测是利用磁现象来检测样品表面及近表面缺陷的一种无损检测方法，也称为 MT 检测。磁粉检测的原理在于，铁磁性材料被磁化后(见图 6 - 15)，由于不连续性因素的存在，使材料表面和近表面的磁力线发生局部畸变而产生漏磁场，吸附施加在材料表面的磁粉，在合适的光照条件下形成目视可见的磁痕，从而显示出不连续的位置、大小、形状和严重程度。

针对汽车大型覆盖件模具、汽轮机叶片、液压支架油缸等再制造件，磁粉检测主要检测其表面及近表面缺陷，可用于再制造前的状态评估和再制造后的质量检测。一方面，通过磁粉检测，判断零部件是否具有疲劳裂纹，是否具有再制造可行性，并依据采集的数据为再制造方案提供支撑；另一方面，通过磁粉检测得到的数据，为再制造后的零部件出厂把关，进行必要的质量检测，保证再制造产品的质量和品质。

图 6 - 16 所示为磁粉检测工艺的三种典型流程。磁粉检测工艺过程主要包括磁粉检测的预处理、零部件的磁化、施加磁粉或磁悬液、磁痕的观察和记录、缺陷评定、退磁与后处理。要依据再制造产品的类型、拟检测的缺陷方向和灵敏度等要求选择合理的磁化方法、标准试片和磁化规范，磁痕的观察和评定一般应在磁痕形成后立即进行，记录下磁痕的位置、长度和数量，磁痕评定可参考 JB/T 4730.5—2005 标准。测试完毕要进行退磁及后处理，并采用磁强计测试剩磁强度，剩磁应不大于 0.3 mT(相当于 240 A/m)。如图 6 - 17 所示，针对激

光熔覆再制造的风机叶片可使用磁粉检测探测其表面缺陷。

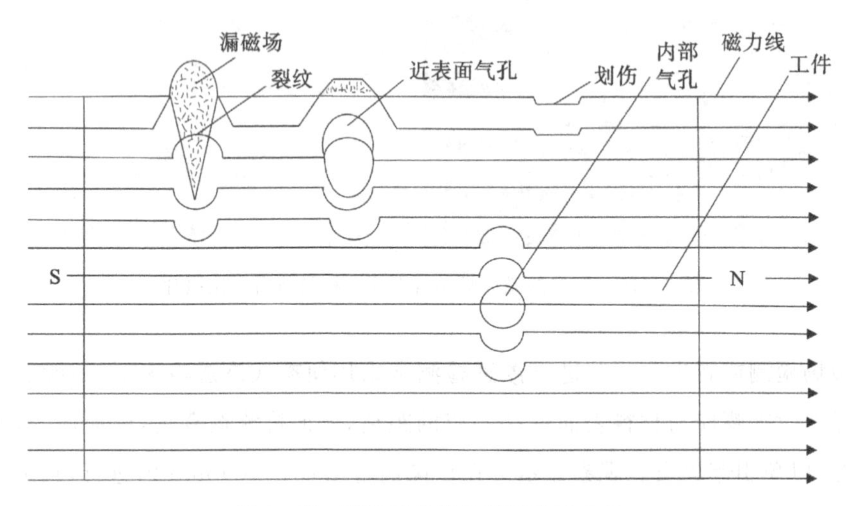

图 6-15 不连续处部位的漏磁场分布

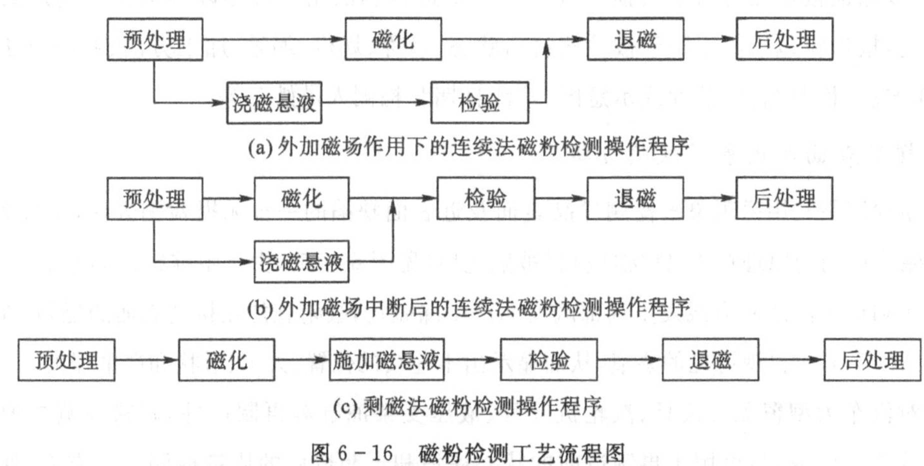

图 6-16 磁粉检测工艺流程图

图 6-17 再制造前风机叶片典型磁粉探伤照片

3. 样品内部缺陷分析

样品内部缺陷检测可采用射线检测和超声波两种常用无损检测方法。

射线检测的工作原理是依据被检件由于成分、密度、厚度等的不同，对射线产生不同的吸收或散射的特效，对被检件的质量、尺寸、特性等作出判断，特别是针对再制造及增材制造件可以检查其内部缺陷，也称为 RT 检测。具体主要应用的是射线照相检测技术，它是用射线穿透试件，以胶片作为记录信息载体的无损检测方法(见图 6 - 18)。

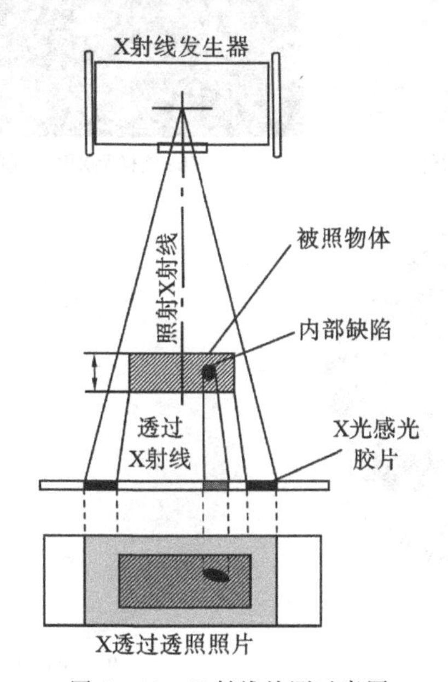

图 6 - 18　X 射线检测示意图

采用射线检测时的要点有三：一是射线透照参数的选择与计算；二是透照方式的选择和一次透照长度的计算；三是曝光曲线的使用。具体操作步骤包括试件检查及清理，划线、像质计和各种标记的摆放、贴片、对焦、曝光和记录，测试工艺可参考 JB/T 4730. 5—2005 标准。

目前增材制造领域的很多制造者和设计者常常采用工业 CT 对零件进行无损检测，以确保整个研发和生产过程的质量。工业 CT 检测技术是以 X 射线和 γ 射线作为辐射源的工业 CT，其工作原理就是射线检测的原理，属于计算机层析成像技术，可以生成三维体密度图。CT 扫描的 3D 图像是由大量二维 X 射线图像重建而成的。多个 2D 投影图像可以通过强大的软件组合起来，生成几乎任何部分、对象或产品的 3D 图像。这对于制造商希望在不破坏对象的情况下查看对象内部的任何特征都是至关重要的。如图 6 - 19 所示，针对 SLM 增材制造的试件可使用工业 CT 射线检测探测其内部气孔类缺陷。

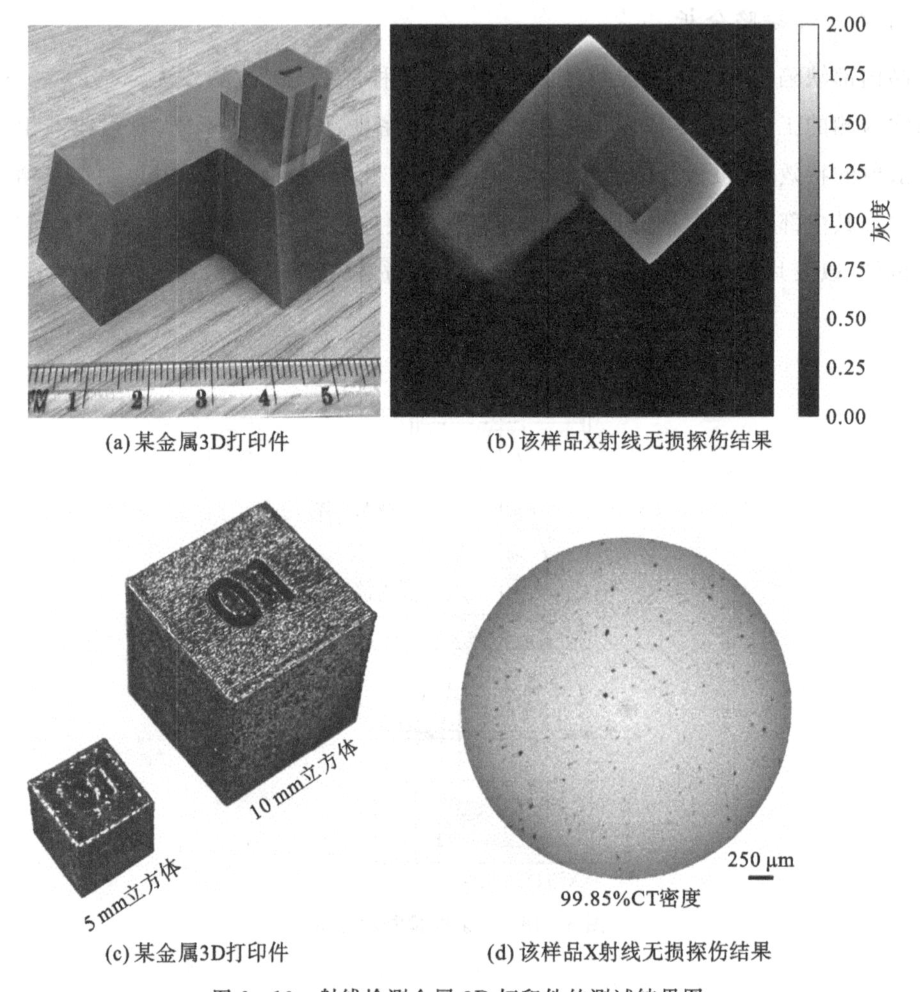

(a) 某金属3D打印件　(b) 该样品X射线无损探伤结果

(c) 某金属3D打印件　(d) 该样品X射线无损探伤结果

图 6-19　射线检测金属 3D 打印件的测试结果图

超声波检测的工作原理是利用超声波能在弹性介质中传播，在界面上产生反射、折射等特性来检测材料内部或表面缺陷的检测方法。按照缺陷的显示方式分为 A 型显示、B 型显示和 C 型显示(见图 6-20)。检测具体操作步骤包括检测方法的选择、检测面的准备、仪器和探头的选择、检测区域的确定、探头移动区的确定、耦合剂的选择、标准试块的使用、灵敏度的设定、缺陷性质的识别，测试工艺可参考 JB/T 4730.5—2005 标准。图 6-21 所示为针对激光熔覆件使用超声波检测其内部缺陷的典型结果。

4. 样品涂层厚度测定

采用涡流无损检测技术和超声波无损检测技术可以测试涂层厚度。

涡流检测技术是利用电磁感应原理，通过测定被检工件内感生涡流的变化来无损评定导电材料及其工件的某些性能，或发现缺陷的无损检测，也称为 ET 检测。涡流检测的基本原理在于，与涡流伴生的感应磁场与原磁场叠加，使得检测线圈的复阻抗发生变化，导体内感生涡流的幅值、相位、流动形式及其伴生磁场受导体的物理特性影响，因此通过监测检测线圈的阻抗变化即可非破坏地评价导体的物理和工艺性能。针对微弧氧化涂层可以涡流检测进行测试，其原理为检测金属材料表面非金属层的厚度，如图 6-22 所示，将涡流传感器置于镀层表面，因镀层是非金属导电材料，其厚度相当于传感器与金属基体之间的距离 h。当镀层厚度变化时，传感器至金属基体之间的距离也发生变化，从而测得被测镀层的厚度值。

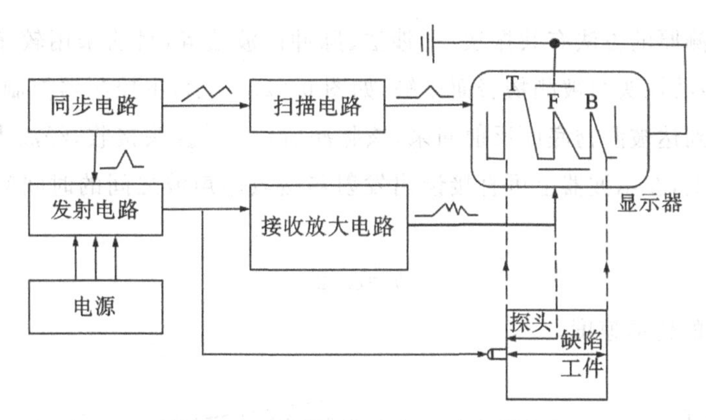

图 6-20　超声波检测时 A 型显示原理

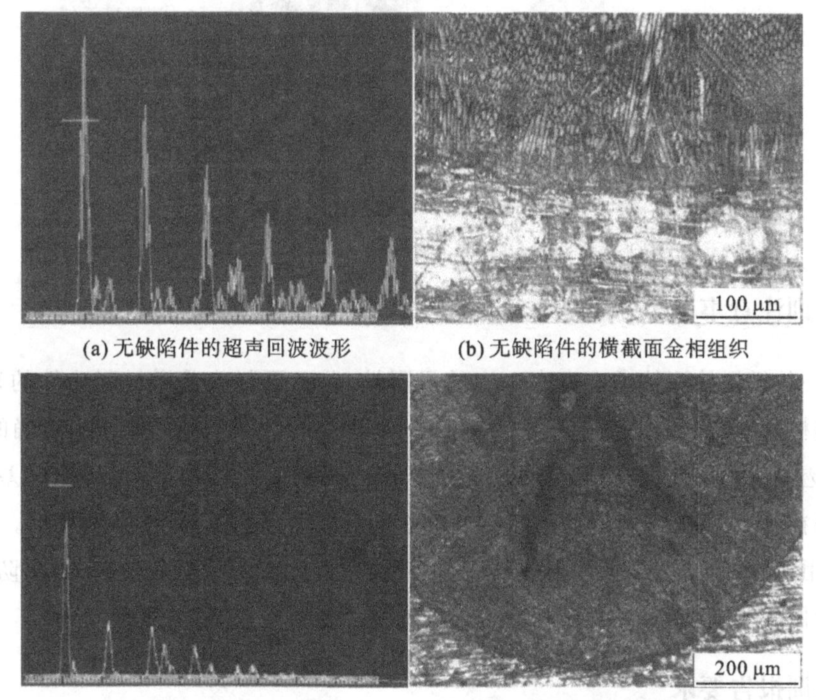

(a) 无缺陷件的超声回波波形　(b) 无缺陷件的横截面金相组织

(c) 有裂纹件的超声回波波形　(b) 有裂纹件的横截面金相组织

图 6-21　超声波检测某激光熔覆件的测试结果图

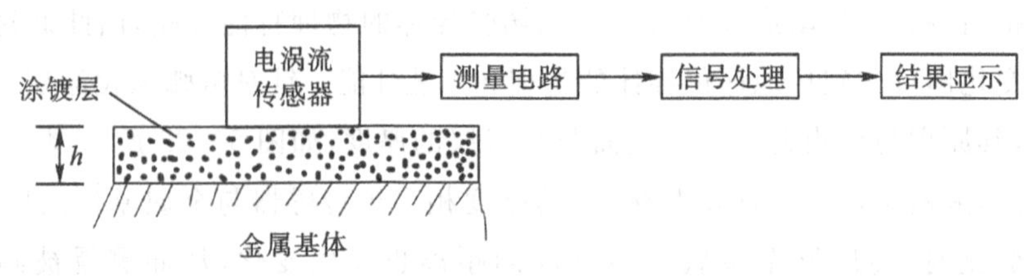

图 6-22　涡流检测涂(镀)层测厚原理

超声波检测测厚的方法有共振法、干涉法、脉冲回波法等，目前采用较多的是脉冲回波法，其原理是超声波探头与被测物表面接触，如图 6-23 所示，主控制器控制发射电路，使探头发出的超声波到达被测物底面反射回来，该脉冲信号又被探头接收，经放大器放大加到示波器垂直偏转板上，在示波器上可直接读出发射与接收超声波之间的时间间隔 t，被测物的厚度 h 为

$$h=ct/2 \tag{6-4}$$

式中，c 是超声波的传播速度。

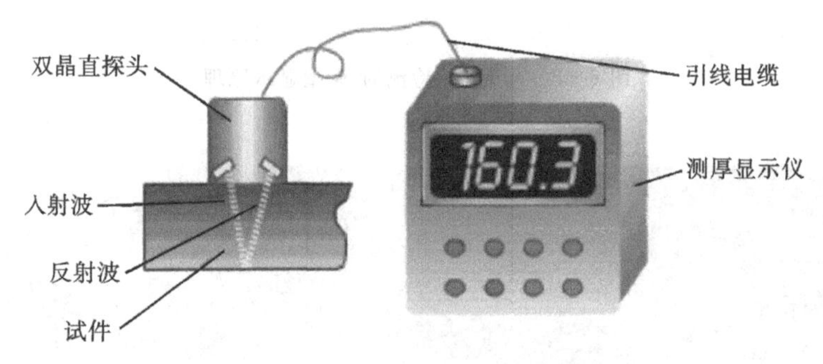

图 6-23　超声波检测测厚原理

6.4.3　实训注意事项

(1)单一的无损检测技术本身有一定的局限性，鉴于再制造及增材制造件的复杂性，对其进行无损检测时有时需要与破坏性检测的结果互相对比和配合，才能做出准确的评定。

(2)渗透检测采用便携式压力喷罐装置时，应当将罐装瓶均匀摇匀；喷涂反差增强剂时厚度应控制在 25～45 μm，太厚容易导致所喷涂的反差增强剂不易干，影响效果。

(3)采用射线无损检测时，因射线对人体有危害，因此要采用屏蔽防护、距离防护和时间防护等手段做好实训现场的安全防护措施。

6.4.4　实训报告要求

实训报告的内容应包括：

(1)被测样品及测试目的；

(2)所选用无损检测方法的基本原理、设备型号、工艺及具体操作步骤;

(3)无损检测结果及其产生的影响因素。

6.4.5　思考题

(1)金属 3D 打印零部件的内部缺陷可以采用哪些无损检测手段?

(2)工程应用时,如果通过无损检测发现再制造及增材制造件存在缺陷,是否直接判定为废品,还可以采取哪些措施使其循环利用?

第7章　典型零部件再制造综合实训

7.1　液压支架立柱再制造

液压支架作为煤矿开采中的关键设备，长期在酸、碱性腐蚀介质中工作，立柱表面承受着腐蚀、磨损和冲击，面对液压支架的高消耗现象，采用再制造技术能够提高液压支架的使用性能和服役寿命，最大限度发挥其价值，推动我国煤炭事业的可持续发展。图7-1为液压支架示意图，本实训以立柱为实训对象。

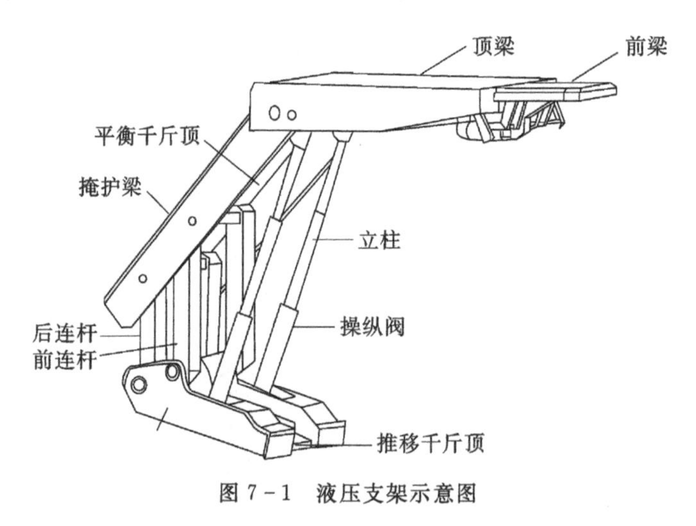

图7-1　液压支架示意图

7.1.1　实训目的

1. 实训目的

(1)了解液压支架的结构特征及应用；

(2)了解液压支架样品的失效机理；

(3)掌握液压支架的再制造方法及原理；

(4)掌握液压支架再制造工艺流程及再制造件组织结构和性能分析方法。

本实训通过对退役液压支架支柱进行拆解、检测，分析其失效机理，通过再制造加工，进行组织结构和性能分析，获得改造件。图 7－2 所示为液压支架再制造的流程图。

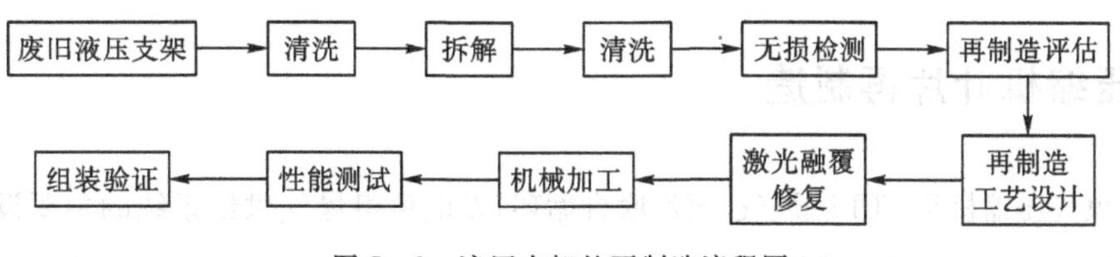

图 7－2 液压支架的再制造流程图

7.1.2 实训内容

1. 液压支架的失效分析及再制造评估

(1)清洗、拆解、清洗。将废旧液压支架进行拆解前清洗，采用激光清洗等技术对部件表面的废渣进行清理，利用压力机进行无损伤拆解，利用超声波清洗机对拆解后的部件进行清洗处理。

(2)检测、评估。利用渗透检测、超声波、金属磁记忆等方法对各部件进行无损探伤检测，进行失效分析、寿命评估分析。

2. 再制造过程

(1)对检测不合格，但可以再利用的部件进行再制造处理，首先使用酒精将液压支架支柱表面的油污和杂质进行清理，以确保实验的准确性。

(2)利用激光熔覆设备对部件进行修复，进行材料和工艺设计选择，制定实验方案，在基材上分段进行熔覆，然后利用车床、磨床对部件进行机械加工。

3. 再制造液压支架检验

(1)组装：将激光熔覆后的部件利用压力机进行无损伤组装。

(2)整机试验：利用支架试验台对组装后的支架进行综合试验，测试再制造后液压支架的性能。

7.1.3 注意事项

(1)立柱修复前，对其外表面进行除锈、毛化预处理。

(2)再制造后的部件形状和尺寸要在误差范围内。

(3)激光熔覆过程中的参数对熔覆件的质量有很大影响，因此要合理设计熔覆的工艺参数，如激光功率、扫描速率、光斑大小等。

7.1.4 思考题

(1)液压支架零部件的主要失效类型有哪些？失效原因是什么？

(2)液压支架零部件再制造后服役期间需要重点检测的内容有哪些?

7.2 压缩机叶片再制造

高炉煤气压缩机是CCPP(燃气-蒸汽联合循环)发电机组煤气供给系统的主要设备,高炉煤气压缩机组转子叶片的材质缺陷或机组振动异常等情况往往会造成压缩机故障,从而影响机组的正常运行,导致严重的经济损失。本实训通过对CCPP机组低压煤气压缩机叶片断裂事故原因进行分析,针对性给出预防改进措施。图7-3所示为叶片断裂的宏观形貌。

图7-3 叶片断裂宏观形貌图

7.2.1 实训目的

1. 实训目的

(1)了解压缩机叶片的断裂原因;

(2)利用激光熔覆技术对样品进行再制造;

(3)掌握压缩机叶片的修复方法及原理;

(4)通过化学、力学性能分析,结合微观、宏观分析叶片断裂的原因。

7.2.2 实训内容

按照图7-4中压缩机叶片再制造流程,通过对叶片进行失效原因分析,采用激光熔覆技术进行再制造,并对相关性能进行检测。

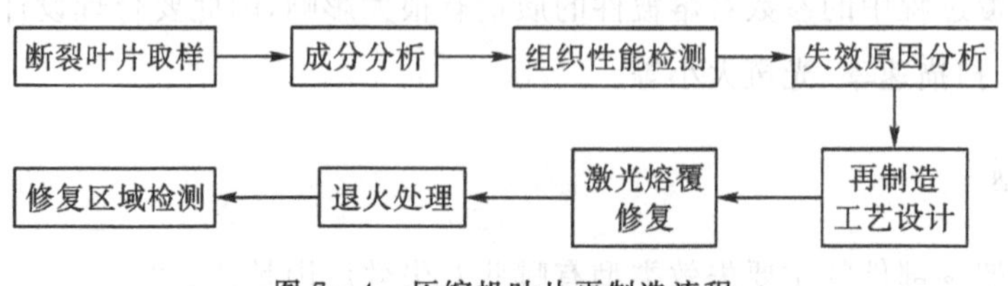

图7-4 压缩机叶片再制造流程

1. 压缩机叶片断裂原因分析

(1)化学成分分析。依据 GB/T 8732—2014 汽轮机叶片用钢规范,对断裂叶片取样分析其化学成分,结果以表格形式体现。

(2)力学性能检测及金相组织分析。依据 GB/T 8732—2014 汽轮机叶片用钢规范,对断裂叶片进行抗冲击性和硬度检测。对断裂叶片的过渡弧取样做金相组织分析。

(3)断口宏观和微观分析。针对断裂叶片进行断口宏观和微观分析,找出应力集中区域,分析断裂原因。

2. 再制造加工

(1)采用激光熔覆技术对失效叶片进行修复。

(2)依据叶片及熔覆材料采用合理的热处理工艺,如真空、300 ℃条件下,退火 8 h 消除残余应力。

3. 修复区域检测

采用相关设备对熔覆后的样件进行性能和结构的表征。

7.2.3 注意事项

(1)对叶轮的修复采用等强度激光熔体熔覆技术,保证修复的叶轮与原叶轮母材强度相同;

(2)叶片修复过程中需进行三维生长控制,新生成部分要达到原叶片形态;

(3)叶片修复后要在真空环境下进行退火处理,以消除残余应力。

7.2.4 思考题

(1)叶片智能再制造工艺如何设计既能有效使零件表面恢复几何外形尺寸,又能实现叶片表面强化?

(2)叶片类曲面零部件智能再制造过程的工艺要点有哪些?

7.3 石油注水阀再制造

图 7-5 给出了石油注水阀示意图,油田注水过程中会使用各种不锈钢阀门,其在使用过程中由于受到复杂介质的长期摩擦、挤压、冲刷、腐蚀及密封件老化等因素影响,使得阀门各组成部件失效,进而形成漏失、密封性能下降,影响正常注水量,不能满足油田工况要求等情况。因此,如何修复并提高阀门服役寿命,降低运营成本是其产业用户亟待解决的一大课题。如图 7-6 所示,从生产线上退役的阀门多为密封面腐蚀擦伤或内件损坏而失效,其阀

体强度仍然坚固，通过再制造技术对其进行修复，可重新投入使用，推动资源节约循环利用、减少环境污染，亦是助力实现“双碳”目标的重要途径。

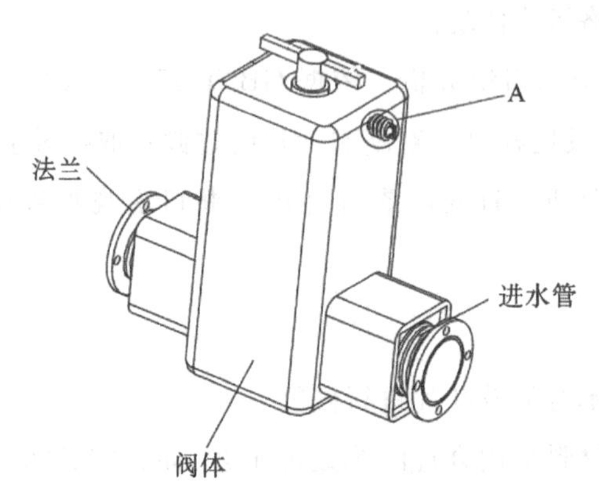

图 7-5　石油注水阀示意图

(a) 再制造前　　(b) 再制造后

图 7-6　阀门再制造前后对比图

7.3.1　实训目的

1. 实训目的

(1)了解石油注水阀的结构特征及工况环境；

(2)对油田注水阀门密封面进行失效分析；

(3)利用激光熔覆技术对废旧阀门密封面进行修复；

(4)对再制造后的样品进行组织结构和性能分析。

本实训采用激光熔覆技术对失效后的石油注水阀进行修复，具体流程如图 7-7 所示。

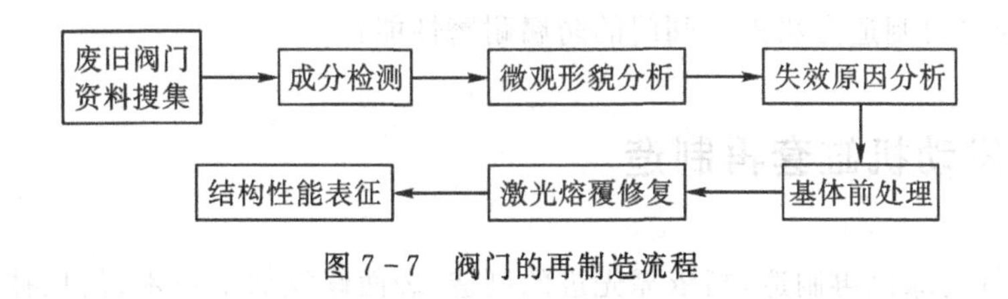

图7-7 阀门的再制造流程

7.3.2 实训内容

1. 阀门密封面失效分析

对阀门密封面进行微观形貌、金相组织和化学成分等综合检测分析，研究阀门内漏的失效机理及其原因。

2. 基体前处理

熔覆试验前，使用酒精对液压支架支柱表面的油污和杂质进行清理，以确保实验的准确性。

3. 再制造加工

利用激光熔覆技术对阀门表面进行涂层的设计、制备与加工，以及对表面涂层和零部件尺寸超差部位的机械平整加工及质量进行控制等，制定实验方案，设计实验参数。

4. 性能结构表征

(1)硬度测试。选用洛氏硬度计3～5台，对激光熔覆的每个样品进行3～5个点的硬度HRC值测试，并比较硬度变化。

(2)膜层结合力测试。选用划痕仪对不同工艺参数的镀层进行结合力分析。

(3)耐腐蚀性能测试。使用盐雾试验箱对不同工艺参数的再制造件进行耐腐蚀性能表征。

7.3.3 注意事项

(1)裂纹是再制造件熔覆层的主要缺陷之一，再制造磨损严重的阀门密封面时极易出现此类缺陷，因此在设计激光熔覆工艺参数时要考虑影响裂纹的综合因素，以便于更好控制熔覆层质量。

(2)阀门的再制造工艺不仅需要考虑阀门的尺寸恢复，还需要兼顾再制造阀门的耐磨性。

7.3.4 思考题

(1)石油注水阀的再制造方法有哪些?

(2)如何通过再制造方法提高阀门的防腐耐磨性能?

7.4 汽车发动机缸套再制造

汽车零部件的绿色再制造,指依靠先进的制造、表面修复加工技术、信息技术等新技术,使即将报废或已经报废的汽车零部件,恢复到原来的或者符合绿色再制造要求的高可靠性汽车零部件,这样做可充分挖掘废旧汽车可利用的价值,经济效益显著并满足消费者的绿色需求。在汽车发动机再制造技术中,热喷涂技术被广泛应用,该技术采用不同的功能涂层对零件进行修复,用来提升零件的抗氧化、抗磨损以及耐腐蚀性能。

7.4.1 实训目的

1. 实训目的

(1)了解发动机结构特征及应用;

(2)对废旧发动机样品进行失效分析;

(3)通过热喷涂技术对样品进行再制造;

(4)对再制造后的样品进行组织结构和性能分析。

本实训通过对废旧汽车发动机进行探伤和性能分析后,采用热喷涂技术对其进行修复改造,提高其抗氧化、耐磨损及耐腐蚀性能,具体流程如图 7-8 所示。

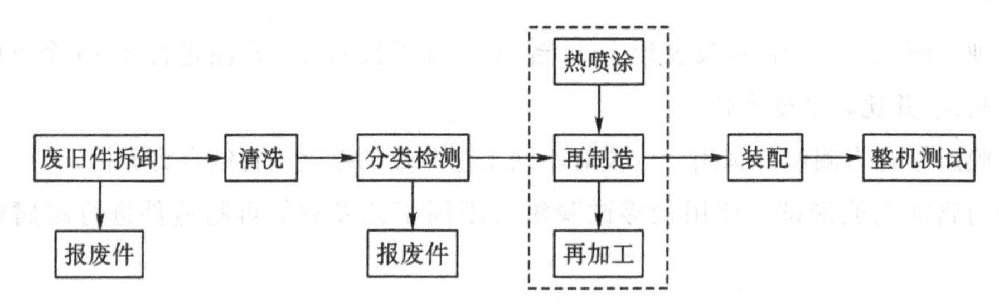

图 7-8 汽车发动机再制造流程

7.4.2 实训内容

1. 汽车发动机的失效分析

(1)零件拆卸、清洗。对废旧汽车发动机进行拆卸,保证拆卸过程中工程量小,不要对零部件造成损伤。

清洗流程:采用弱碱性除油清洗剂以及离子表面活性剂,同时在清洗剂中加入适量的缓蚀剂,防止基体在清洗过程中被腐蚀。具体清洗流程:超声波除油清洗→水洗→水洗→防锈封闭→吹水→烘干(80～100 ℃)。

(2)分类检测。采用检测技术对汽车零部件的外观、强度等进行分类检测。对发动机关键零件与非关键零件进行分类,区分出能够再次利用的零件、可再制造零件及报废的零件。发动机缸套表面磨损如图 7-9 所示。

图 7-9　发动机缸套表面损伤

2. 再制造修复

(1)热喷涂表面处理。采用热喷涂技术对发动机缸套表面进行涂层的设计与制备,以及对表面涂层和零部件尺寸超差部位的机械平整加工及质量控制等。

(2)再加工。在机械强度和表面强化涂层厚度允许的情况下,将零部件关键尺寸经机加工恢复到正常状态。

3. 装配、测试

(1)装配。通过再制造技术修复的零部件在经过调试、检验合格后,按照标准组合成再制造发动机。

(2)整机测试。对发动机的性能进行指标测试,测试成功后对外观进行防锈喷漆,制成成品。

7.4.3　注意事项

(1)拆卸是零部件进行再制造的前提,拆卸设计必须遵循拆卸工程量最小原则、结构可拆卸准则、拆卸易于操作原则等。

(2)发动机缸套工作时处于高温高压状态,因此作为内壁涂层材料必须具有足够的强度和硬度,以保证尺寸的稳定性。

7.4.4　思考题

(1)汽车零部件的主要失效类型有哪些?失效原因是什么?

(2)如何根据汽车零部件失效形式选择再制造工艺?

7.5　切削刀具再制造

如图7-10所示，刀具磨损是切削加工中最基本的问题之一。了解刀具磨损的情况和原因，通过涂层技术对刀具表面进行改性，可以有效延长刀具的使用寿命，同时提高生产效率，刀具磨损特征示意图见图7-11。本实训针对刀具使用过程中存在的问题，分析原因，并采用物理气相沉积技术进行再制造。

图7-10　刀具磨损图

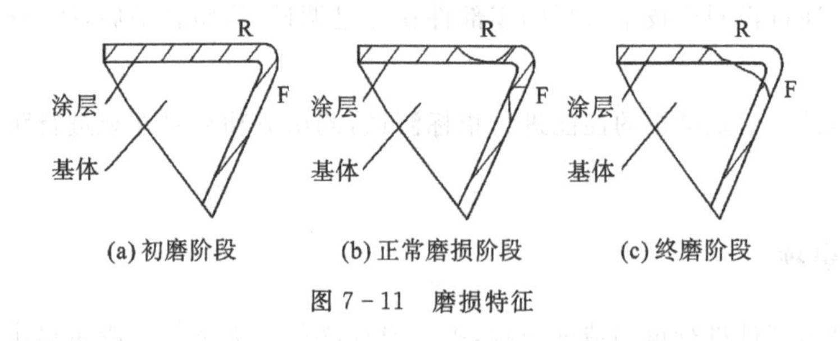

图7-11　磨损特征

7.5.1　实训目的

1. 实训目的

(1)了解切削刀具的磨损机理；

(2)对切削刀具进行寿命预估；

(3)通过PVD技术对刀具基体材料进行优化改性；

(4)对再制造后的样品进行组织结构和性能分析。

7.5.2 实训内容

采用图 7-12 所示的工艺流程图对切削刀具进行再制造，具体如下。

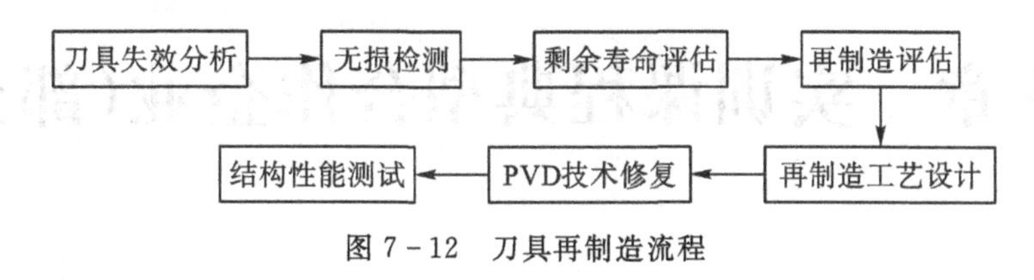

图 7-12 刀具再制造流程

1. 切削刀具的失效分析及剩余寿命估算

(1)采用无损检测技术对刀具进行综合检测分析；

(2)选择合适的理论和技术，建立寿命评估分析模型，评估刀具的剩余寿命。

2. 再制造加工

制定实验方案，设计实验参数，对刀具再制造部位进行表面涂层的设计及制备，对刀具零部件尺寸超差部位进行机械平整加工。

3. 性能结构表征

(1)硬度测试。选用洛氏硬度计 3～5 台，对每个样品进行 3～5 个点的硬度 HRC 值测试，并比较硬度变化。

(2)涂层摩擦系数测试 。采用摩擦磨损试验机对刀具涂层进行测试分析。

(3)涂层结合力测试。选用划痕仪对不同工艺参数的涂层进行结合力分析。

7.5.3 注意事项

(1)正确选用涂层是合理使用涂层刀具和充分发挥涂层功能的前提，因此在工艺设计时要考虑涂层与刀具基底的匹配性。

(2)PVD 技术具有膜厚可控、膜基结合力强的特点，在对刀具进行修复时可以根据使用需求合理控制涂层厚度，并且保证结合力，以使涂层更好地发挥延寿功能。

(3)实训过程中严格按照流程进行操作，遵守实验室安全和使用规定。

(4)刀具涂层前后处理的设备和工艺会影响刀具最终使用性能，合理地后处理可以消除残余应力。

7.5.4 思考题

(1)切削刀具的主要失效类型有哪些？失效原因是什么？

(2)切削刀具涂层制备过程中主要考虑的因素有哪些？

第8章　实训课程典型合作企业(部分)

8.1　西安陕鼓动力股份有限公司

8.1.1　企业概况

西安陕鼓动力股份有限公司(以下简称陕鼓)属陕鼓集团,始建于1968年,总占地57万平方米,总资产34.48亿元。陕鼓是我国以设计制造透平机械为核心的大型成套装备的集团企业。多年来,陕鼓紧跟市场,强化自主技术研发,创新经营,强化管理,多项成绩为同行业中独有。2011年陕鼓入选首批"国家技术创新示范企业";2019年7月,荣获全国模范劳动关系和谐企业;2020年1月,"2019中国企业社会责任500优榜单"发布,陕鼓位列第65位;2020年9月16日,入选通过2020年复核评价的国家技术创新示范企业名单;2021年,陕鼓的"能源互联岛"项目斩获第六届中国工业大奖,该奖项是国务院批准设立的我国工业领域最高奖项,被誉为中国工业的"奥斯卡"。

8.1.2　主要产品

1. 轴流压缩机

轴流压缩机是一种把原动机的机械能转变为气体能量的压缩机械,如图8-1所示,其命名源于气体在压缩机中的基本流动方向。轴流压缩机分为静叶固定转速可调轴流压缩机(A系列)和全静叶可调型轴流压缩机(AV系列)。目前工业常用的是AV系列,其规格从AV40到AV140,级数一般为2～19级,该类压缩机的特点是流量、压力调节范围宽广,各工况点效率高,最高可达90%以上。轴流压缩机广泛应用于冶金、石化、化工、风洞实验、电站、制药等领域。

2. 高炉煤气余压回收透平

高炉煤气余压回收透平发电装置(简称TRT,见图8-2)是应用于冶金企业的一种高效节能装置,它是利用高炉冶炼排放出的具有一定压力能的炉顶煤气,使煤气通过透平膨胀机做功,将其转化为机械能,驱动发电机发电或驱动其他装置的一种二次能量回收装置,是国家大力提倡和推广的一种节能环保装置。采用 TRT 替代减压阀组,回收了被减压阀组白白释放的能量,既净化了环境(回收了能源),又降低了噪声,同时可为企业带来可观的经济效益和社会效益。

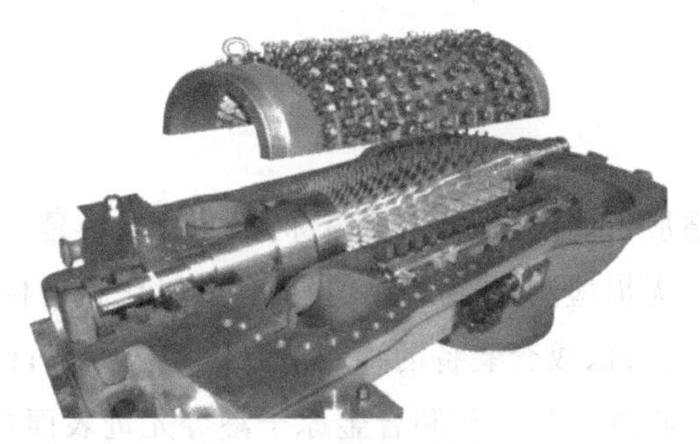

图 8-1　轴流压缩机

图 8-2　高炉煤气余压回收透平

3. 离心压缩机

陕鼓不断发展新技术、新材料、新工艺,以提高机组的可靠性和高效性。空分压缩机产品主要有离心压缩机(EIZ,见图 8-3)、空气增压机采用多段单轴压缩机(EZ、EBZ)和多轴压缩机(EG)。以上多种组合可满足不同需求,为配合市场发展,陕鼓从 2002 年开始致力于空分压缩机组的研究,取得了较好的市场业绩。经过 10 余年的潜心研究和发展,陕鼓已经具备设计和生产 2 万至 12 万等级空分装置的配套压缩机能力。

(a) 离心压缩机内部结构

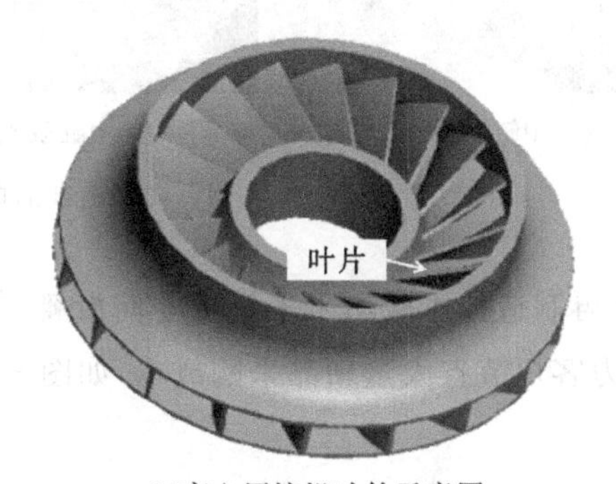

(b)离心压缩机叶轮示意图

图 8-3　离心压缩机

基地建立时间:2016 年 7 月。

8.2 陕西天元智能再制造股份有限公司

8.2.1 企业概况

陕西天元智能再制造股份有限公司(以下简称“天元智造”)是一家专业的智能再制造工业服务企业,以绿色清洗、无损检测、寿命评估、逆向设计优化和增材再制造技术及装备为核心,为工业企业提供部件、整机、成套装备的再制造系统解决方案;以激光熔覆、随形表面打印、金属基梯度复合材料、物理气相沉积和合金原子渗等先进表面技术及装备为核心,为工业企业提供部件、整机、成套装备的延寿系统解决方案;以再制造及延寿技术为核心,以设备全寿命周期管理理论和方法为指导,融合工业互联网技术,为工业企业提供智能维护及快速响应的本地化服务。天元智造致力于帮助煤炭、石化等工业企业实现降低设备运营成本,减少设备维护时间,提升装备资产使用效率的目的。

8.2.2 行业应用

1.煤电行业

激光熔覆技术应用于液压支架油缸零件的再制造与新品表面代替电镀铬涂层,使其寿命由 12～18 个月延长至 36 个月左右,如图 8－4 所示为再制造前后的液压支架立柱中缸。

(a) 中缸旧件

(b)中缸激光熔覆过程

(c)再制造后的液压支架

图 8－4　再制造前后的液压支架立柱中缸

增材再制造技术应用于采煤机导向滑靴,使以往磨损后就报废的进口导向滑靴得到循环使用,为客户节省大量新品采购成本,如图 8－5 所示。

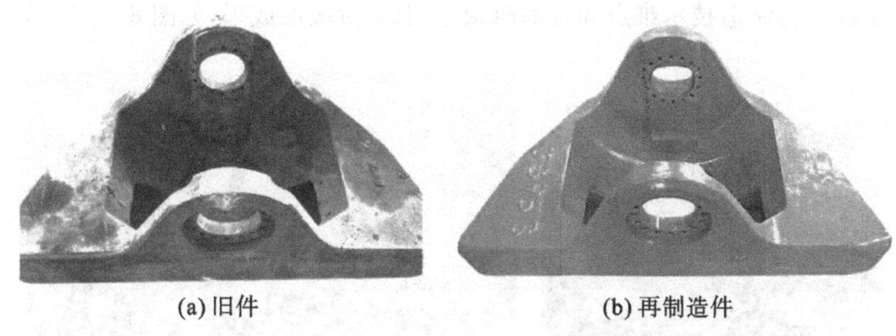

(a) 旧件　　(b) 再制造件

图 8－5　激光增材再制造前后的采煤机导向滑靴

2. 石油行业

天元智造与中国石油长庆油田分公司合作，成立了中国石油(长庆油田)智能再制造中心，形成抽油机、注水泵、高压阀门、天然气压缩机、井下工具 5 大再制造生产线。为企业提供零部件再制造、整机再制造及设备智能维护服务。现已有 5 大类产品顺利进入工业和信息化部《再制造品名录》。

天元智造应用金属 3D 打印技术对旧组合阀的缺陷部位进行打印修复，使组合阀恢复尺寸，并提高了其表面硬度与耐腐蚀性能，寿命延长 50%以上，如图 8－6 所示为增材再制造组合阀前后样件。

(a) 再制造前样件　　(b) 再制造后样件（未加工）

图 8－6　增材再制造组合阀前后样件

天元智造应用激光熔覆、增材再制造、合金原子渗等先进技术，对报废的抽油机进行再制造(见图 8－7)，不但使抽油机恢复至新品的性能，而且针对旧抽油机使用过程中存在的设计问题进行了升级优化，使得抽油机更符合不同采油区的工艺要求。

3. 轨道交通

高速列车车轴在组装、退卸和检修过程中，轮座、集电环座、齿轮座等配合部位会产生划伤、磕碰及微振磨蚀等损伤。对于划伤深度小于 0.1 mm 的车轴，采用打磨的方式进行修复，对于划伤深度大于 0.1 mm 的车轴会失效报废。天元智造承担了时速 350 公里车轴再制造技术开发研究课题,其突破了各项再制造技术难点和技术瓶颈,并取得阶段性成果,如图 8-8 所示。

(a) 报废的抽油机

(b) 再制造及升级后正在使用的抽油机

图 8-7　抽油机

图 8-8　时速 350 公里车轴再制造技术研发和成品

8.2.3　产业布局

1. 天元智造—霍州煤电集团鑫钜

天元智造—霍州煤电集团鑫钜(见图 8-9)位于山西霍州工业园区内,是由山西鑫创晟智能科技发展有限公司和陕西天元智能再制造股份有限公司于 2019 年共同建设,针对煤矿设备核心部件及总成开展设备再制造的生产基地。基地充分发挥企业在科研、装备制造与客户市场等方面的优势,开发新工艺、新技术、加强废旧设备全面再制造及管件零部件新品的表面处理研发,加强煤机设备再制造循环体系的建立,全方面推进再制造设备供应链业务交流,打造山西省机电产品再制造示范项目。

图 8-9　天元智造—霍州煤电集团鑫钜

2. 陕西天元智能再制造股份有限公司西安生产基地

陕西天元智能再制造股份有限公司西安生产基地(见图8-10)位于西安市泾渭新城,是天元智造斥资6000万元建设的规模化增材再制造生产基地。基地拥有自动化增材再制造装备60余台,年消耗增材再制造原料500吨以上,具备液压支架油缸和采煤机结构件等大型零部件的全流程再制造生产能力。

图8-10 陕西天元智能再制造股份有限公司西安生产基地

3. 陕北矿业神南再制造中心

陕北矿业神南再制造中心由陕西煤业股份有限公司神南矿业公司与天元智造于2016年共同组建,是产学研用一体化的先进性高标准的煤电设备再制造基地,如图8-11所示。合作组建单位神南矿业公司下属企业七个,分别是红柳林矿业公司、柠条塔矿业公司、张家峁矿业公司、孙家岔龙华矿业公司、中能煤田公司、红柠铁路公司和神府南区生产服务公司。中心自成立以来,始终致力于煤矿产、运、销全产业链设备全生命周期保运服务。目前,该中心已将整套再制造及表面工程技术与智能维护为一体的定制化保运项目引入本地矿区,实现了共计14大类160多项设备的再制造本地化服务,特别是在进口煤机关键零部件再制造和国产化方面取得了显著成效。

图8-11 陕北矿业神南再制造中心

基地建立时间:2015年7月。

8.3 西安中科中美激光科技有限公司

8.3.1 企业概况

西安中科中美激光科技有限公司(以下简称"中科中美")成立于2012年,注册资金2500万元。中科中美技术源于中科院西安光机所国家实验室,从事以光纤激光为技术的激光加工设备的研发、生产与销售。2012年推出首台国产1000 W工业级光纤激光器,并因此荣获2013年十五届中国高新技术成果交易会良好产品奖证书。中科中美是我国高速激光熔覆技术领域的开创者,2018年初,中科中美在第一时间打破了国外技术垄断,推出首台国产高速熔覆激光器。中科中美坚持技术自主攻关,是国内拥有整套高速熔覆关键技术的企业,拥有包括激光器在内的自主知识产权,申请相关自主知识产权10多项,已推出2 kW～6 kW系列高速熔覆激光设备及金属3D打印激光设备。

8.3.2 主要产品

1. 内孔高速熔覆激光装备

中科中美成功推出国产新技术内孔高速熔覆激光装备(见图8-12),通过将高速熔覆技术与传统内孔熔覆技术进行结合,实现高效率内孔壁处理,主要用于对零部件内壁表面的熔覆或表面淬火。

图8-12　内孔高速熔覆激光装备

2. 中科中美8000 W高速熔覆激光器

中科中美的8000 W高速熔覆激光器(见图8-13)的具体工作参数及特点如下。

· 熔覆速度:在熔覆厚度0.2～0.5 mm时,熔覆效率0.7～1.2 m^2/h;

· 熔覆厚度:根据需求,可实现熔覆厚度0.2～1.2 mm;

- 熔覆表面:熔覆表面平整,达到热喷涂的效果;
- 稀释率:1%左右;
- 结合强度:冶金结合,结合强度可高达 360 MPa;
- 可用于高熔点、高硬度粉末的熔覆;
- 可用于铜、铝等有色金属的熔覆。

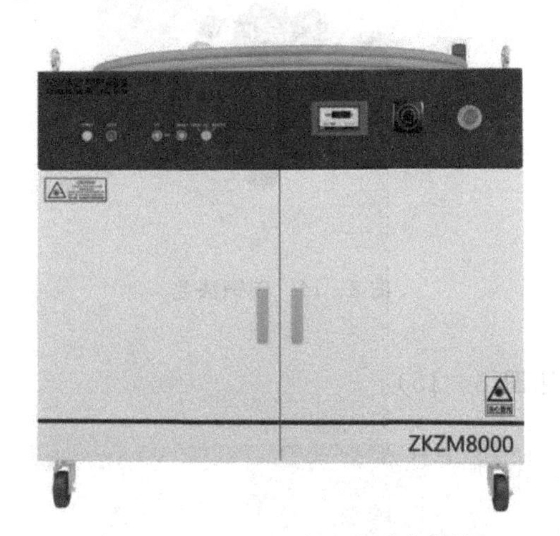

图 8-13　8000 W 高速熔覆激光器

基地建立时间:2019 年 10 月。

8.4　陕西华威科技股份有限公司

8.4.1　企业概况

该公司是从事锻压高新技术的研究与开发,机械制造,金属材料的生产、销售与外贸,集科工贸于一体的现代化高端装备制造公司,是中国锻压协会理事单位,西安铸锻协会理事长单位,陕西省企业家协会常务理事单位。主要产品有风力发电,核能发电,蒸汽火力发电,水力发电,铁路机车电机的主轴、转子及专用锻件,电站专用设备锻件,船用舵杆及浆轴传动轴,高速风机主轴,冷轧辊及支承辊,大中型模块,高压液缸体,大中型齿轮和齿圈,石油压裂泵及泥浆泵,防喷器及扶正器,超高压压裂泵阀箱体,全纤维整体模锻曲轴,高压容器管板等锻件。加工材料包括碳素工具钢、合金工具钢、碳素结构钢、合金结构钢、轴承钢、不锈钢、钛合金、超导材料等。主要为航天、航空、船舶、矿山、机械、石化、兵工、冶金、电力、汽车等装备制造行业的生产厂提供优质的配套产品,为德国、美国、意大利、法国等欧美国家和日本、印度等亚太国家长期提供关键的配套产品。

8.4.2 主要产品

1. 饼类锻件产品(见图 8－14)

图 8－14　碳钢法兰

2. 环类锻件产品(见图 8－15)

图 8－15　中间大齿轮　高颈法兰　齿圈

3. 模块类锻件产品(见图 8－16)

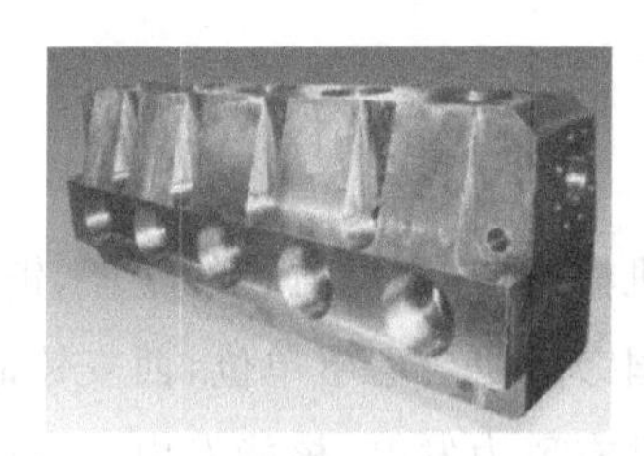

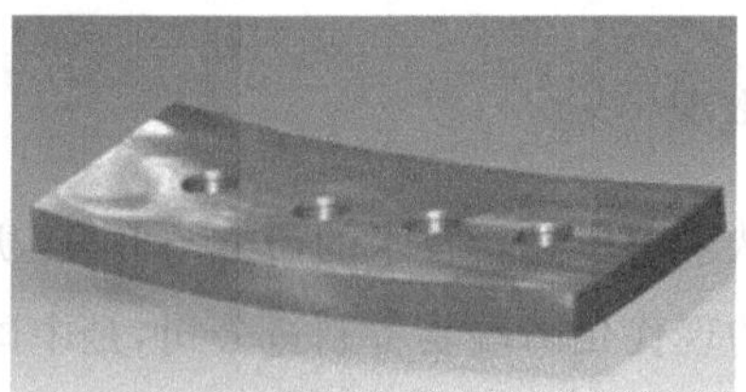

图 8－16　压裂泵阀箱 导弹吊架

4. 套筒类锻件产品(见图 8－17)

图 8－17　压力容器　缸体

5. 轴类锻件产品(见图 8－18)

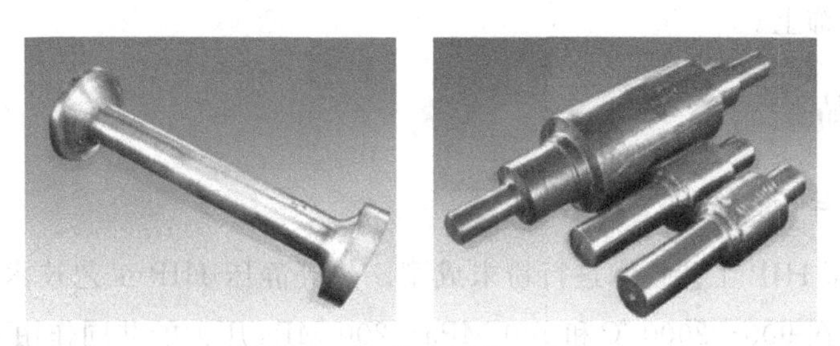

图 8－18　长中间轴　轧辊

8.4.3　典型工艺流程

自由锻工艺流程图如图 8－19 所示。

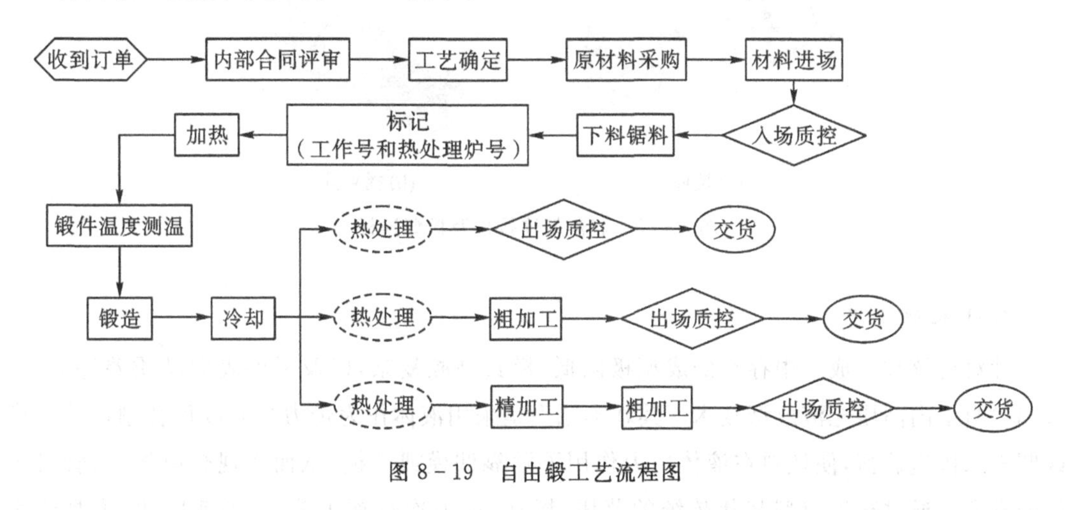

图 8－19　自由锻工艺流程图

基地建立时间:2019 年 5 月。

8.5　西安嘉业航空科技有限公司

8.5.1　企业概况

西安嘉业航空科技有限公司坐落于西安市阎良区,是区内民营骨干企业。公司是集研发、生产、销售为一体的高端装备配件制造企业,拥有国内外各种生产加工及计量检测设备,主要从事航天、航空、高速铁路、城市轨道列车等工装模具及金属零件、复合材料、碳纤维制品的设计及生产,以及航空航天地面设备的设计制造等。

公司拥有强大的设计开发能力,为我国航天航空企业设计生产了大量的高精尖产品;拥有较强的复合材料和碳纤维制品的研制和加工能力，并成功将相应的技术运用到火车、地铁、飞机的内部装饰上。

8.5.2 主要产品

1. 粉末成型件

采用热等静压 HIP 工艺技术进行粉末成型。热等静压 HIP 工艺技术是一种以气体为传压介质，将制品在 900～2000 ℃和 100 MPa～200 MPa 压力的共同作用下，向制品施加各向同等的压力，对制品进行压制烧结处理的技术。图 8 - 20 是采用该技术成型的典型零部件。

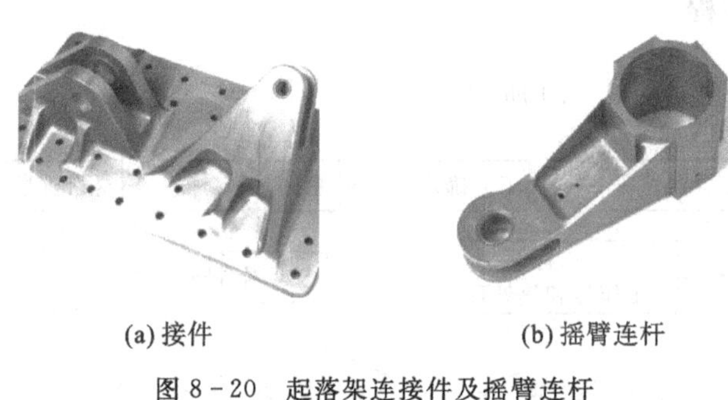

(a) 接件　　(b) 摇臂连杆

图 8 - 20　起落架连接件及摇臂连杆

2. 冲液成型件

针对传统冲压成型中存在的成型极限低、模具型腔复杂，以及零件表面品质差等缺点，人们发明了内高压充液成型技术。其基本原理是采用液体作为传力介质以代替刚性的凸模或凹模来传递载荷，使坯料在液体压力作用下贴靠凹模或凸模，从而实现金属板材、管材零件的成型。通过充液成型替代传统的落压、爆炸、多道次拉深工艺，成型速度快、模具使用少、零件精度高、表面质量好、有效避免了产品的塑形回弹，也无需人工校正，大大提高了生产效率，也方便了钣金生产的自动化实施。配合数字化模具库，与专业充液自动设备，针对小批量多样化的航空零部件也能实现半自动化生产，为突破我国航空制造的瓶颈提出了新的解决方案。图 8 - 21 是采用该技术成型的一些典型零部件。

(a) 复杂壳体　　(b) 空心曲轴　　(c) 异形件

图 8 - 21　典型充液成型件

基地建立时间:2021 年 4 月。

8.6　西安匠心云涂科技有限公司

8.6.1　企业概况

西安匠心云涂科技有限公司是一家为转型升级的制造业客户提供优质工模具增寿、零部件防护和替代电镀涂层服务的高科技公司。公司掌握物理气相沉积全套核心技术,可以针对不同服役性能要求的产品,实施高性能单层、多层或复合纳米涂层方案,实现其寿命和可靠性的大幅提高,达到国际领先水平。公司的核心技术五代传承,可根据客户需求进行各种特殊涂层的研发及试生产,最大程度提升客户的产品品质,解决客户难题。

公司设计开发的各类高性能超硬涂层、精密零部件涂层、替代电镀金属以及各类合金涂层等技术方案,已经广泛应用于机械加工、汽车制造、航空航天,电工电子,医疗器械,石油化工等诸多行业。公司已在宁波、新昌、西安、临沂投放产线,服务长三角、中西部等业务聚集区,具备全套物理气相沉积(PVD)技术服务设备产线,包括多弧离子镀和磁控溅射设备、标准自循环清洗线、材料表面处理设备和涂层检测设备,为近百家国内知名企业及创新企业提供服务。公司秉承产学研结合和绿色发展理念,以科技创新为发展动力,将最前沿的表面涂层新技术应用到实际服务中去。

8.6.2　主要产品

1. *超硬涂层*

通过涂层技术可有效提高热锻模具使用寿命,最高可提升 13 倍,在极端载荷工况下,涂层仍具有高强结合力和高强韧配合。图 8-22 所示为经涂层改性的热锻、高速锻模具。

图 8-22　热锻、高速锻模具涂层

由于传统氮化工艺没有很强的抗耐磨性，挤压模具每次使用后都需去除残铝。通过涂层处理，可大幅增强抗模具表面耐磨性，无需频繁煮模，降低维护成本和环境污染(见图 8-23)。

图 8-23　挤压模具涂层

橡胶与模具极易粘连，因此制造商大量使用脱模剂脱模，这样既增加成本又影响环境和工人健康，经涂层处理，可有效避免脱模剂使用，使脱模更顺利、产品外观更美观。而注塑材料添加剂呈多样性趋势，对模具耐磨、耐腐蚀以及提高精密度也提出了越来越高的要求，经涂层处理可有效保护皮纹、减少飞边毛刺，提升产品成品率，让模具不再需要保养维护，大幅提升效率。图 8-24 所示为橡塑模具涂层。

图 8-24　橡塑模具涂层

如图 8－25 所示，压铸模具服役工况恶劣，经涂层处理可提升综合寿命两倍以上，模具表面更耐磨、耐大包力、耐龟裂，可大大减少脱模剂使用，减少换模人工，为客户降低成本。

图 8－25　压铸模具涂层

2. 精密零部件涂层

新能源电动车中控制系统需要真空灭弧开关进行控制，对真空要求较高，因此对陶瓷与金属的焊接要求非常高，焊料的孔隙率不能高于 5%，因此必须使用磁控溅射技术涂层进行陶瓷金属化处理，图 8－26 所示为该类技术的典型零部件。

图 8－26　陶瓷金属化密封可焊涂层

如图 8－27 所示的超疏水耐磨涂层可满足户外玻璃、视窗等镜片的防水、防雾需求。经过涂层处理后，产品表面疏水角超过 150°，水滴不残留，水雾不成形。

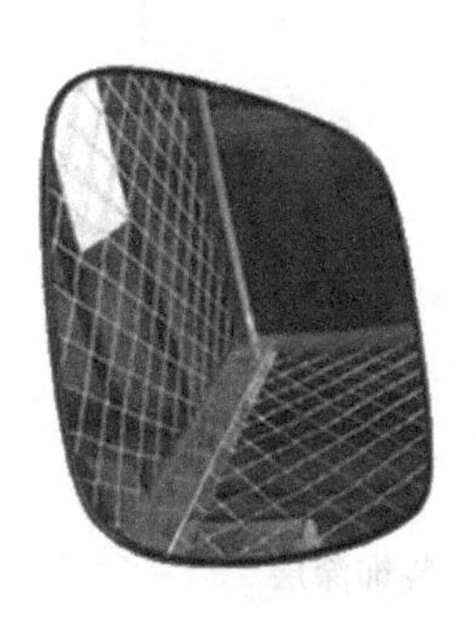

图 8－27　超疏水耐磨涂层

图 8-28 所示的防腐涂层主要应用于航天航空产品防腐，太空雷达零部件防腐等。中性盐雾试验超过 300 小时(传统工艺极限为 96 小时)，涂层重量轻，满足升空要求。

图 8-28　航天用轻量化防腐涂层

如图 8-29 所示，Ti 基涂层主要应用于医疗器械领域，可提高器械表面疏水性，污渍不残留；提高医疗器械表面抗菌性能，同样环境下相比不涂层产品菌落生长率降低 70%。

图 8-29　医疗用 Ti 基涂层

3. 装饰涂层

如图 8-30 所示，装饰涂层主要用于电子产品领域，改善电子产品底材外观，赋予其不同色彩、光泽、质感等特征。

图 8-30　装饰涂层

基地建立时间：2019 年 10 月。

第 9 章　材料分析软件使用简介

9.1　Jade 分析软件

X 射线衍射技术(简称 XRD)是利用 X 射线在晶体、非晶体中衍射与散射效应进行物相的定性和定量分析、结构类型和不完整性分析的一种技术,是对智能再制造工艺及材料进行研究和分析的基本手段。MDI Jade 软件(简称 Jade 软件)是处理多晶粉末 X 射线衍射数据常用的有力工具,具有衍射峰指标化、晶格参数计算、物相定量分析等功能。

9.1.1　软件功能

(1)物相检索:通过建立 PDF 文件索引,Jade 具有优秀的物相检索界面和强大的检索功能,也包括物相定量功能。

(2)图谱拟合:可以按照不同的峰形函数对单峰或全谱拟合,拟合过程是结构精修、晶粒大小、微观应变、残余应力计算等功能的必要步骤。

(3)结构精修:对样品中单个相进行结构精修,完成点阵场素的精确计算;对于多相样品,可逐相依次精修。

(4)晶粒大小和微观应变:计算当晶粒尺寸小于 10 nm 时的晶粒大小,如果样品中存在微观应变,同样可计算。

9.1.2　软件界面

Jade 6.0 界面简洁,如图 9-1 所示,主要有以下几个部分组成:

(1)菜单栏;

(2)工具栏:主要有导入、保存文件、寻峰、去除背景、图谱平滑、物相搜索等功能;

(3)文件浏览区:显示当前目录下的 Jade 能够打开的文件;

(4)预览窗口:显示缩略图;

(5)全谱窗口:显示全谱;

(6)编辑工具栏:主要有手动寻峰、扣除背景、计算峰面积等工具;

(7)工作窗口:显示在全谱中所选中区间的图谱;

(8)基本显示按钮：图谱的缩放和移动等。

注意：Jade 中的所有按钮都有两种功能。对于命令按钮，单击鼠标左键，一般会直接执行一个命令；单击鼠标右键，则会弹出一个菜单或对话框。

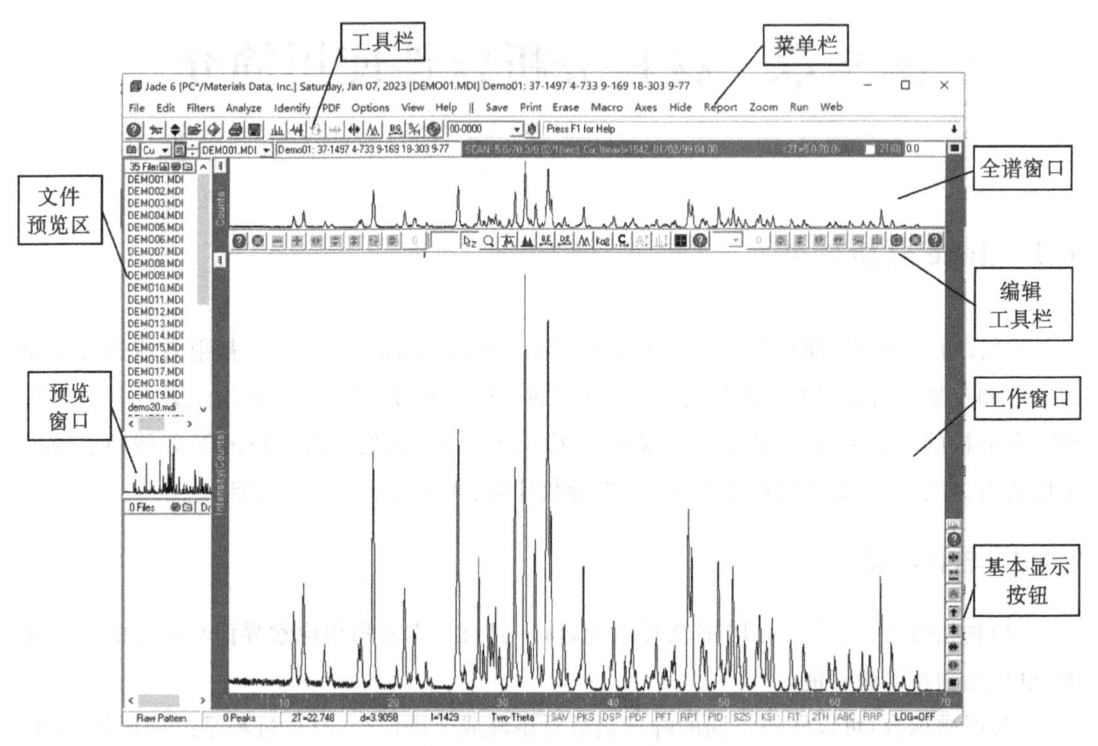

图 9-1 Jade 软件运行界面

9.1.3 软件使用

1. 导入文件

双击打开 Jade 软件，进入 Jade 的主窗口，选择菜单“File”→“Patterns”打开读入文件对话框。常见的读入文件的格式有 mdi、dat、raw 等。文件的读入方式有 Read 和 Add 两种，Read 模式可读入单个或同时读入多个文件，读入时，原来显示在主窗口中的图谱被清除。Add 模式为增加文件显示，如果主窗口中已经显示图谱，原显示图谱会与新添加的图谱同时显示。

2. 菜单说明

File 菜单：该菜单的主要命令包括读入数据文件的两种方式 Patterns 和 Thumbnail。另外，常会用到 Save 命令，该命令的下级菜单“Save”→“Primary Pattern as *.txt”可以将当前窗口中显示的图谱数据以 *.txt 文本格式保存，以方便用其他作图软件如 Origin 作图和做其他处理。

Edit 菜单：在这个菜单中，有三个 Copy 命令，前两个 Copy 命令是复制当前图像窗口，另外一个是复制数据到剪贴板。使用 Preferences 命令打开一个对话框，在这里可以设置显示、仪器、报告和个性化的参数。

PDF 菜单：做物相检索前必须导入 ICDD PDF 卡片索引，该操作需打开 PDF 菜单下的 Setup 对话框，建立 PDF 卡片索引。

Options 菜单：该菜单主要功能有 Cell Refinement 晶胞精修，即点阵常数精确测量及 Calculate Stress 残余应力测量。

View 菜单：这个菜单中主要有 Zoom Window - full Range 和 Zoom Windows - Display Range 命令，前者设置 Zoom 窗口显示全谱，后者设置该窗口中的显示范围。另外，还有窗口颜色设置等功能。

3. 基本功能操作

工具栏常用按钮及其基本功能作用见图 9-2。

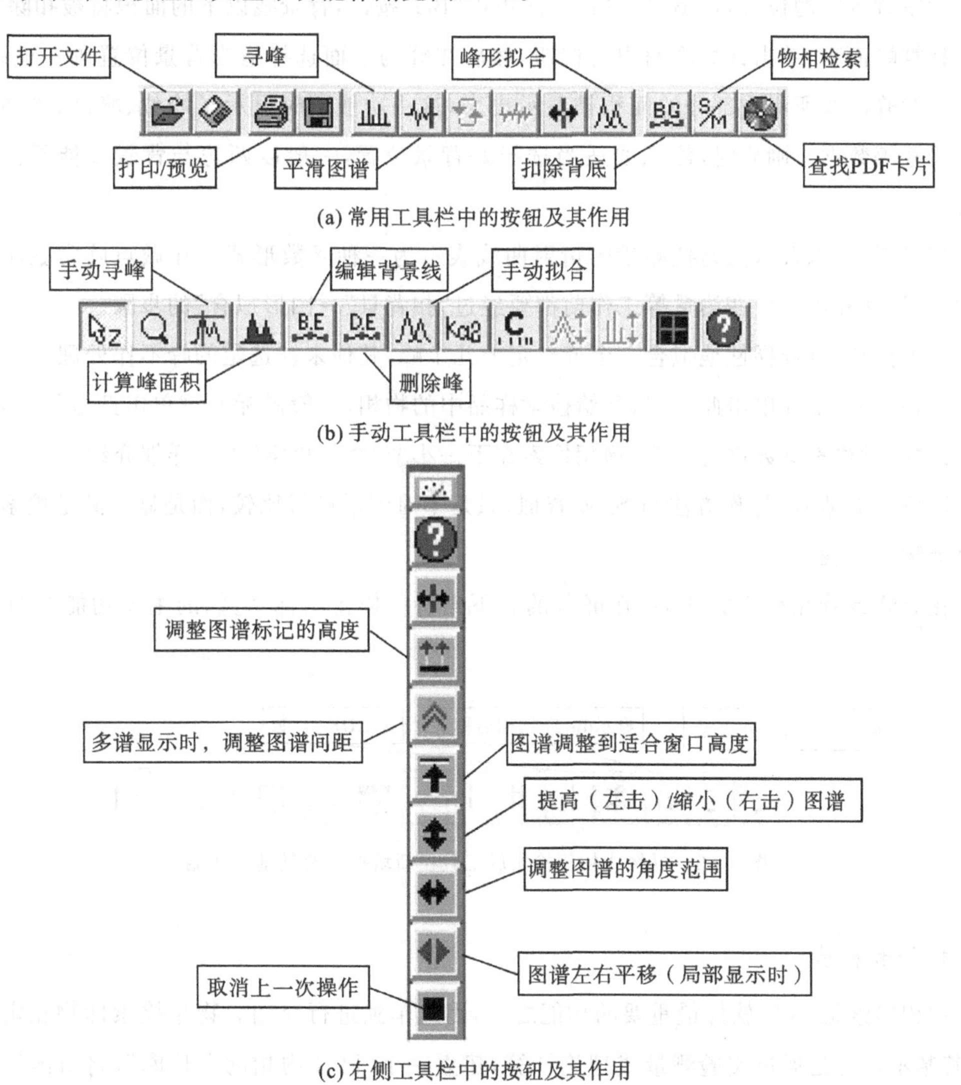

图 9-2 工具栏中按钮及其基本功能

寻峰：自动标记衍射峰位置、强度、高度等数据。寻峰后，常常有误标，需要用手动寻峰方式来删除或添加峰标记。鼠标左键单击某处可增加一个标记，右键则删除一个标记。寻峰后，可查看寻峰报告(Report - Peak search Peport)。

图谱平滑：测量的曲线一般都因“噪声”而使其不光滑，在有些处理后也会出现这种情况，需要将曲线变得光滑一些，数据平滑原理是将连续多个数据点求和后取平均值来作为数据点的新值。注意每平滑一次数据会失真一次，一般采用9～15点平滑为好，而且不要多次平滑。

扣除背景：背景是由于样品荧光等多种因素引起的，在有些处理前需要做背景扣除，单击“BG”一次，显示一条背景线，如果需要调整背景线的位置，可以用手动工具栏中的“BE”按钮来调整背景线的位置，调整好以后，再次单击“BG”按钮，背景线以下的面积将被扣除。

计算峰面积：单击计算峰面积的按钮，然后在峰的下面选择适当背景位置画一横线，所画横线和峰曲线所组成部分的面积被显示出来，这一功能同时显示了峰位、峰高、半高宽和晶粒尺寸等数据。画峰时，注意要适当选择好背景位置，一般以两边与背景线能平滑相接为宜。

峰形拟合：拟合意义是把测量的衍射曲线表示为一种函数形式。在做点阵常数精确测量、晶粒尺寸和微观应变测量等工作前都要经过“扣背景”→图形拟合”的步骤。

手工拟合：有选择性地拟合一个或选定的几个峰，其他未被选定的峰不作处理。

物相检索：鼠标单击此按钮，开始检索样品中的物相，一般鼠标右键单击此按钮，出现一个对话框，对检索参数进行设置，物相检索在下一小节“物相检索”中作详细介绍。

PDF卡片查找：操作方法与S/M查似，只是不对图谱进行比较，而是显示满足检索条件的全部物相列表。

在寻峰或物相检索完成后，在屏幕的右下角有一横排图标，它们的主要功能如图9-3所示。

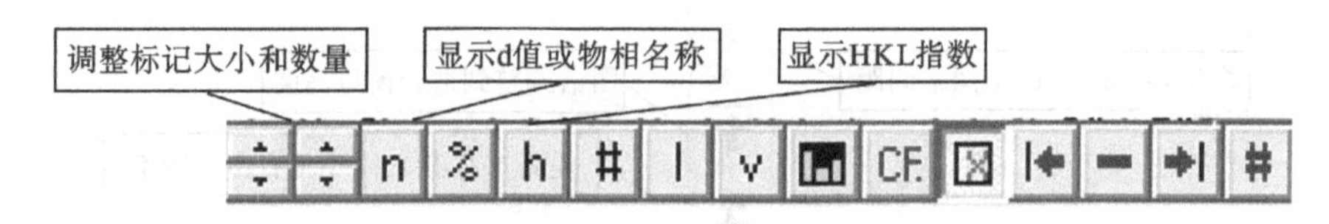

图9-3　寻峰或物相检索后工具栏新增按钮及其基本功能

4. 物相检索

物相检索是Jade软件最重要的功能之一，因此单独进行介绍。物相检索即物相定性分析，其基本原理是通过实验测量或理论计算，建立一个“已知物相的卡片库”，将所测样品的图谱与PDF卡片库中的“标准卡片”对照，从而检索出样品中的全部物相。

物相检索的步骤包括：给出检索条件包括检索子库（有机还是无机、矿物还是金属等）、样品中可能存在的元素等；计算机按照给定的检索条件进行检索，将最可能存在的前 100 种物相列成一个表；从列表中检定出一定存在的物相（人工完成）。

物相检索的方法包括大海捞针法、限定条件的检索法、单峰搜索法。

大海捞针法检索一般适用于对样品无任何已知信息的情况，可检测出主要的物相，在考虑样品受到污染、反应不完全的情况下也可试用，检索出来的物相可能与实际存在的物相偏差较大，需要其他实验做进一步证实。具体步骤包括：打开一个图谱，不作任何处理，鼠标右键单击，在弹出的快捷菜单中选择“S/M”选项，打开检索条件设置对话框，消除“Use chemistry filter”选项的选中，同时选择多种 PDF 子库，检索对象选择为主相（S/M Focus on Major Phases）再单击“OK”按钮，进入“Search/Match Display”窗口。检索完成后窗口分为三块，最上面是放大窗口，可观察局部匹配的细节，中间是全谱显示窗口，可以观察全部 PDF 卡片的衍射线与测量谱的匹配情况，通过窗口右边的按钮可调整放大窗口的显示范围和放大比例，以便观察得更加清楚。窗口的最下面是检索列表，从上至下列出最可能的 100 种物相，一般按“FOM”由小到大的顺序排列，FOM 是匹配率的倒数。数值越小，表示匹配性越高。

限定条件的检索法主要指限定 PDF 卡片的子库、限定检索的焦点和限定样品中存在的元素或化学成分三个方面。其中，最主要的是限定样品中存在的元素或化学成分，这种检索法缩小了程序的搜索范围，限定条件越严格，检索出来的物相可能越正确，限定元素时，原则上一次限定的元素不超过 4 个，反复改变限定条件，程序会给出不同的检索结果。其具体步骤包括：选中“Use chemistry filter”选项，进入一个元素周期表对话框；在化学元素选定时，有“Possible（可能）”和“Required elements（一定存在）”两个选项，将样品中可能存在的元素全部输入，单击“OK”按钮，返回前一对话框界面；再单击“OK”按钮完成检索工作。

经过前两种方法也许还有个别的峰没有检出匹配的物相，此时就可以用单峰搜索法。单峰搜索即指定一个未被检索出的峰，在 PDF 卡片库中搜索在此处出现衍射峰的物相列表，然后从列表中检出物相。单峰搜索法也是一种限定条件的检索方法，它限定了在某衍射角范围内出现衍射峰的物相，如果可以肯定某两个或三个峰应当是同一物相的峰，则可同时选择几个峰进行检索。其具体步骤包括：在主窗口中单击计算峰面积按钮“Peak Paint”，在峰下划出一条底线，该峰被指定；鼠标右键单击，在弹出的快捷菜单中选择“S/M”选项，检索对象变为灰色不可调（Jade 5 中显示为 Painted Peaks）；此时，可限定元素或不限定元素，软件会列出在此峰位置出现衍射峰的标准卡片列表。

9.1.4 实例分析

下面通过一个实例来说明物相检索标定的具体步骤。

(1)首先导入数据,在物相检索之前利用图 9-2(a)中所示功能键对图谱进行平滑,并且扣除背底,处理后的图谱如图 9-4 所示。

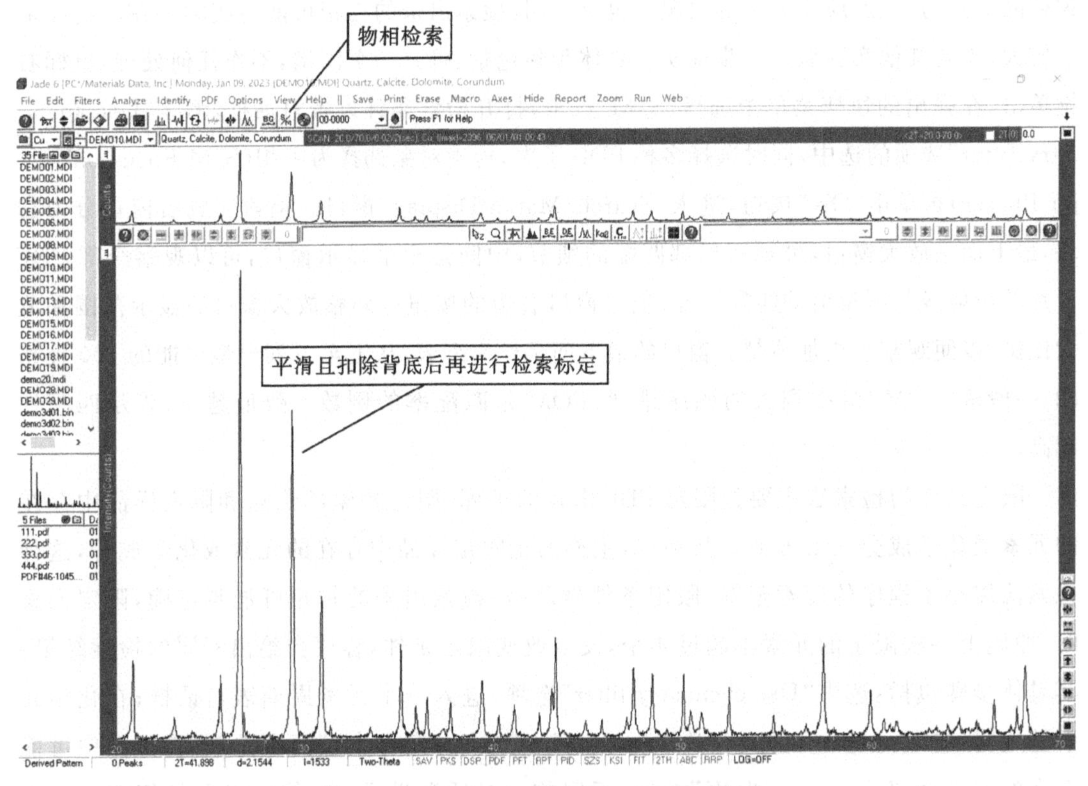

图 9-4 导入后对图谱进行平滑与背底扣除

(2)在打开的物相检索窗口中初步选择物相,可参考 FOM 值(匹配品质因素),FOM 是匹配率的倒数,FOM 数值越小,表示匹配性越高,选中需要的物相,如图 9-5 所示。

(3)单击返回按钮,回到 Jade 主界面,在工作窗口底部有一排图谱标记按钮,按钮功能见图 9-3 所示。可尝试单击这些按钮,了解其功能,标注后的图谱如图 9-6 所示。

(4)为提高检索命中率,根据样品的情况,选择样品中已知所含元素,图例为 SiO_2、$CaCO_3$、Al_2O_3、$CaMg(CO_3)_2$化合物的元素限定,选择“Si”“O”“Ca”“C”“Al”“Mg”元素,如图 9-7 所示,单击“OK”按钮,打开物相检索窗口(见图 9-5)。

(5)在图 9-5 步骤中,选择物相之后双击,打开所选择的 PDF 文件,结果如图 9-8 所示,选择“Lines”,查看标准 PDF 卡片文件,单击“保存”按钮,可以保存 PDF 文件为“. txt”文件,方便在 Origin 软件中作图。

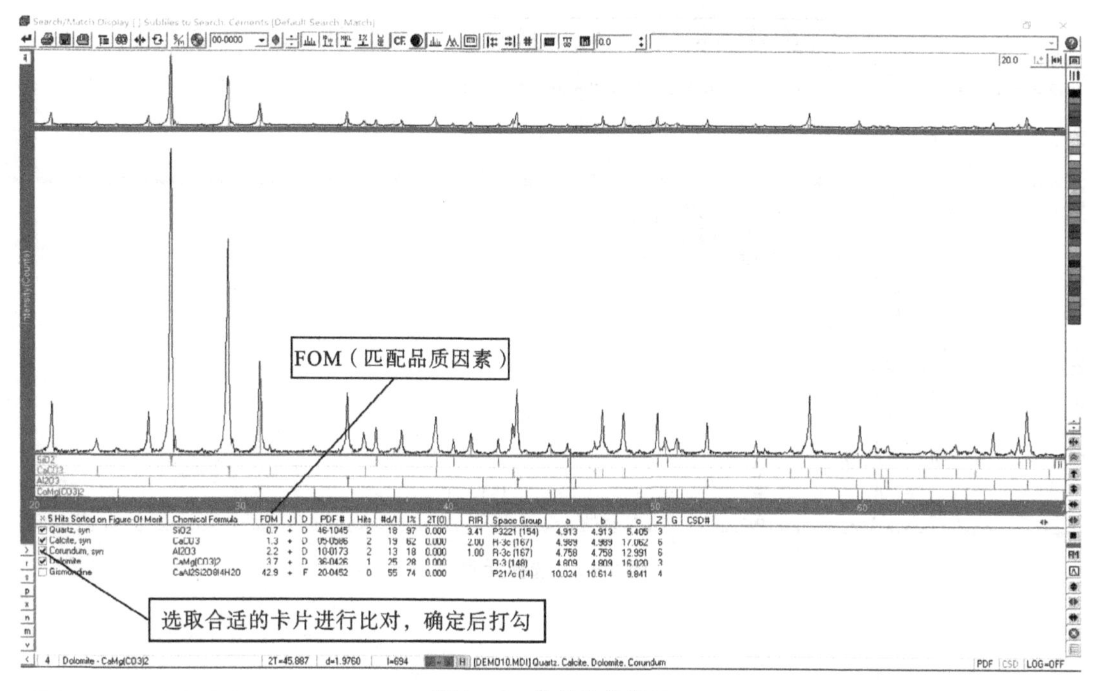

图 9－5　物相检索窗口

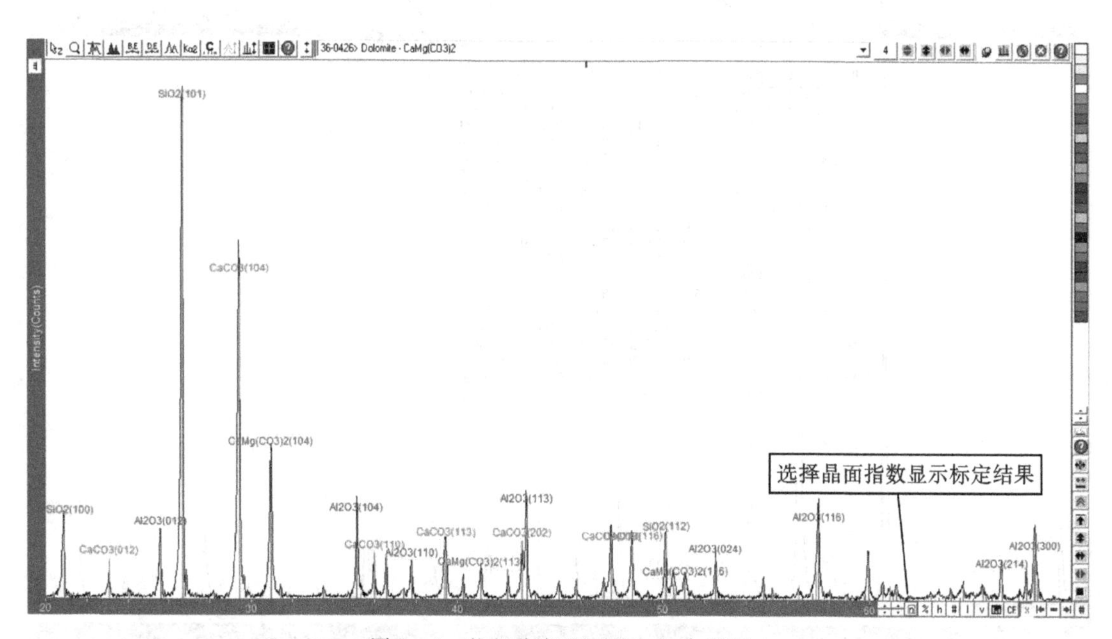

图 9－6　物相检索后回到 Jade 主界面

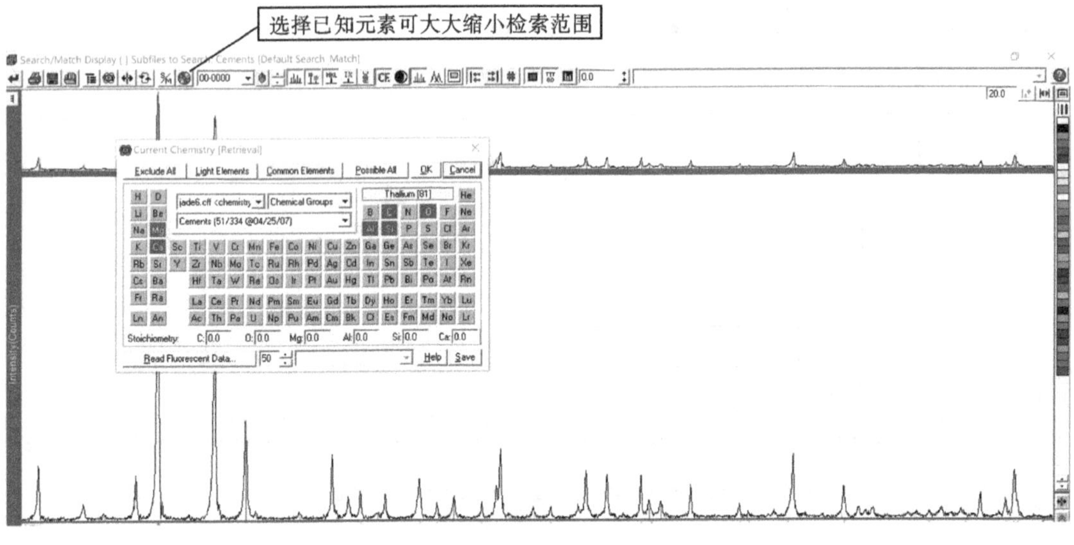

图 9-7　选择元素

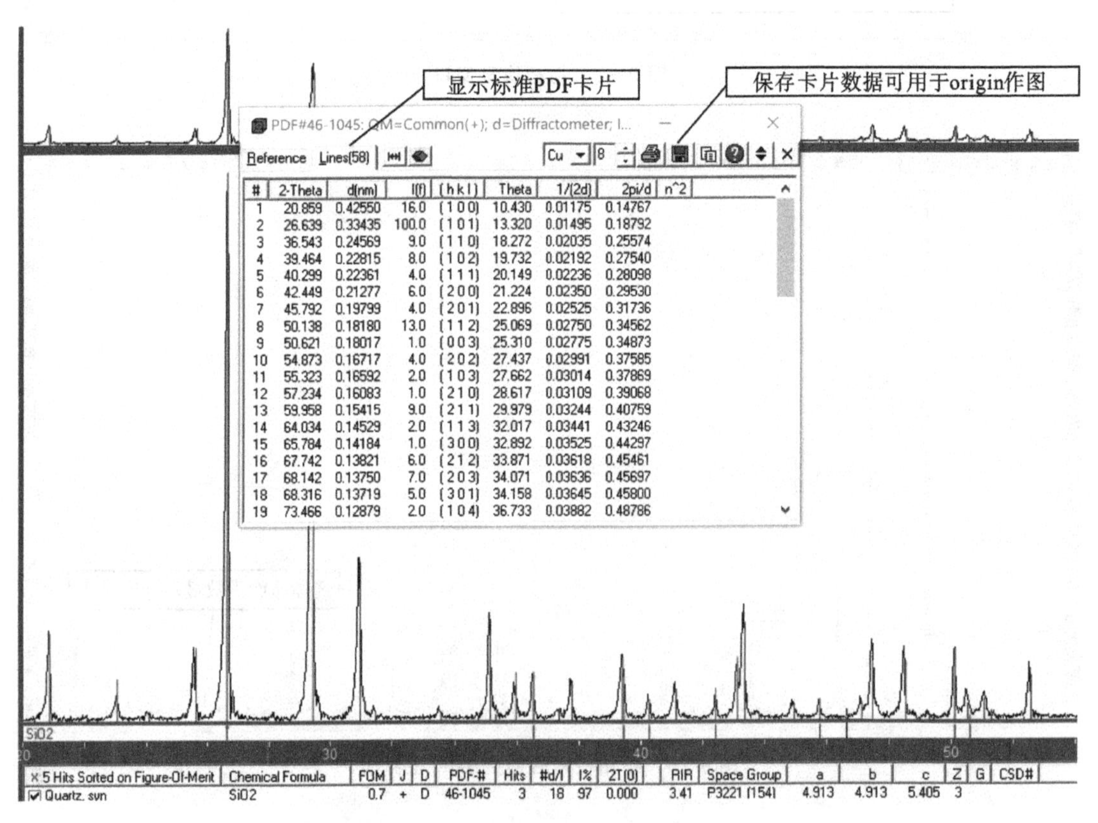

#	2-Theta	d(nm)	I(f)	(h k l)	Theta	1/(2d)	2pi/d	n^2
1	20.859	0.42550	16.0	(1 0 0)	10.430	0.01175	0.14767	
2	26.639	0.33435	100.0	(1 0 1)	13.320	0.01495	0.18792	
3	36.543	0.24569	9.0	(1 1 0)	18.272	0.02035	0.25574	
4	39.464	0.22815	8.0	(1 0 2)	19.732	0.02192	0.27540	
5	40.299	0.22361	4.0	(1 1 1)	20.149	0.02236	0.28098	
6	42.449	0.21277	6.0	(2 0 0)	21.224	0.02350	0.29530	
7	45.792	0.19799	4.0	(2 0 1)	22.896	0.02525	0.31736	
8	50.138	0.18180	13.0	(1 1 2)	25.069	0.02750	0.34562	
9	50.621	0.18017	1.0	(0 0 3)	25.310	0.02775	0.34873	
10	54.873	0.16717	4.0	(2 0 2)	27.437	0.02991	0.37585	
11	55.323	0.16592	2.0	(1 0 3)	27.662	0.03014	0.37869	
12	57.234	0.16083	1.0	(2 1 0)	28.617	0.03109	0.39068	
13	59.958	0.15415	9.0	(2 1 1)	29.979	0.03244	0.40759	
14	64.034	0.14529	2.0	(1 1 3)	32.017	0.03441	0.43246	
15	65.784	0.14184	1.0	(3 0 0)	32.892	0.03525	0.44297	
16	67.742	0.13821	6.0	(2 1 2)	33.871	0.03618	0.45461	
17	68.142	0.13750	7.0	(2 0 3)	34.071	0.03636	0.45697	
18	68.316	0.13719	5.0	(3 0 1)	34.158	0.03645	0.45800	
19	73.466	0.12879	2.0	(1 0 4)	36.733	0.03882	0.48786	

Chemical Formula	FOM	J	D	PDF-#	Hits	#d/I	I%	2T(0)	RIR	Space Group	a	b	c	Z	G	CSD#
SiO2	0.7	+	D	46-1045	3	18	97	0.000	3.41	P3221 (154)	4.913	4.913	5.405	3		

图 9-8　保存检索的标准卡片 PDF 文件

使用上述方法，一般可检索出主要的物相。一般来说，判断一个相是否存在要符合三个条件：①标准卡片中的峰位与测量峰的峰位是否匹配；②标准卡片的峰强比与样品峰的峰强比要大致相同；③检索出来的物相包含的元素在样品中必须存在。如果样品存在明显的择优取向或受到污染当另行考虑。

9.2　XPS 数据处理软件(以 Advantage 软件为例)

Avantage 是一款专门处理 XPS 数据的软件，它提供了较全面的谱图分析和处理工具，包括谱峰鉴别和谱峰定义等标准数据处理工具，也包含许多谱图分析的高级功能。

9.2.1　软件功能

(1)谱峰鉴别：进行全谱图或单峰分析，采用自动或手动按照能量范围或元素进行峰鉴定，分析样品所含元素种类。

(2)定量分析：通过将单峰信号强度转变为元素的含量，即将谱峰面积转变成相应元素的含量，主要包括标样法、元素灵敏度因子法和一级原理模型。

(3)谱峰拟合：可使彼此靠近重叠的峰分别精确测定并且能够更精确地定量，同时也能够对具有化学位移的元素不同化学态进行准确分辨和定量。

(4)多维数据显示：多维数据可以不同的方式显示。可用工具条按钮 buttons 或菜单项(主菜单或鼠标右键的弹出菜单)来激活这些不同的显示模式。

9.2.2　软件安装

以 Advantage 5.9 版本为例进行说明，下载后解压文件，右键点击以管理员身份运行程序，安装软件。打开桌面上安装好的 Advantage 软件。

9.2.3　软件使用

1. 导入文件

双击打开 Advantage 软件，进入主窗口，选择菜单“文件”打开或导入选项，进入文件导入对话框，文件格式选择全部类型，也可以将 vgd 格式文件直接拖至分析区域，分析区可以同时显示多个元素谱图。

2. 菜单说明

“文件”菜单：在该菜单中，主要命令包括数据读取方式打开或导入，另外，可以将分析完的数据进行保存。

“编辑”菜单：在该菜单中，主要利用首选项中的 Processing Preferences 功能，进行谱图分析、定量分析和分峰拟合。

“视图”菜单：该菜单中主要有面板、工具栏和状态栏。

“窗口”菜单：可以不同视图显示谱图。

3. 基本功能操作

工具栏常用按钮及其基本功能如图 9－9 所示。

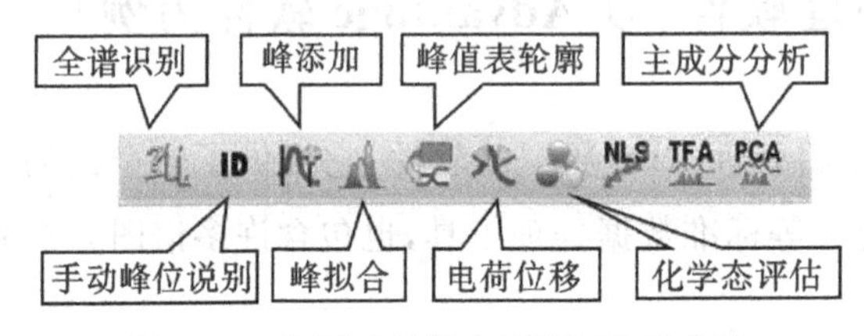

图 9－9　常用工具栏中的按钮及其功能

全谱图分析：打开 vgd 格式的 survey 文件鉴别谱峰，有手动和自动两种模式。采用手动鉴别峰，可以根据元素或能量范围进行鉴别。采用自动分析，可以选择 XPS 位置容差、俄歇位置容差等参数，软件会自动生成标好的各个峰。不论采用上面哪种方法进行峰鉴别，软件都会自动计算出原子百分比、面积 CPS 等参数，有些峰的面积会被计算为负的，有些峰的原子百分比会被算为 0。自动鉴别谱峰，会得到不需要的结果，而手动鉴别谱峰可以根据实际情况选择性地添加谱峰。

荷电校正：根据标出的 C1S 峰位，计算其与标准值 284.6 eV 的差值，然后用快捷键进行电荷偏移校正，得到所需分析元素峰位的有效数值。

单元素谱峰的分析。

(1)数据平滑处理：Savitzky－Golay，高斯或傅里叶，使用工具栏中的，选择傅里叶平滑处理。

(2)去底与峰拟合：选择 smart 去底法，根据元素的化学环境确定拟合峰的个数，对峰进行拟合。

(4)校正荷电位移：在本例中选择 Si 衬底的能量 97.8 eV 作为参考能量。同样采用此软件校正的能量具有误差。

(5)关于 counts 与 counts/s，基本上本书中出现的都是 counts，因此单击 C/S 。

(6)刻蚀时间的调整，在最下方的工具栏内调整。

(7)去掉拟合残留，点单击鼠标右键，在弹出的快捷菜单中选择 Display Options 选项，勾选 Show Residuals。

(8)copy active cell，粘贴到 txt 文件中，再导入到 origin 软件内。

(9)点此空格，即可全选中数据，右键单击 plot－line，即可画出曲线。

扣除背底：选择窄谱(一个或者多个)，点击红色方框，即可完成抠背底，背底范围以及抠背底方式同样可以选择。

定量分析：扣除背景，采用 smart 模式；测量峰面积，必要时进行峰拟合；应用传输函数，随不同的仪器而变；应用灵敏度因子，随不同元素而变；计算原子浓度。

数据输出：实验数据报告可直接输出到 Word 或 Excel 文件中。

9.2.4　实例分析——谱峰拟合

(1)选择需要处理的 vgd 格式文件，打开相应的 XPS 谱图(见图 9 - 10)。

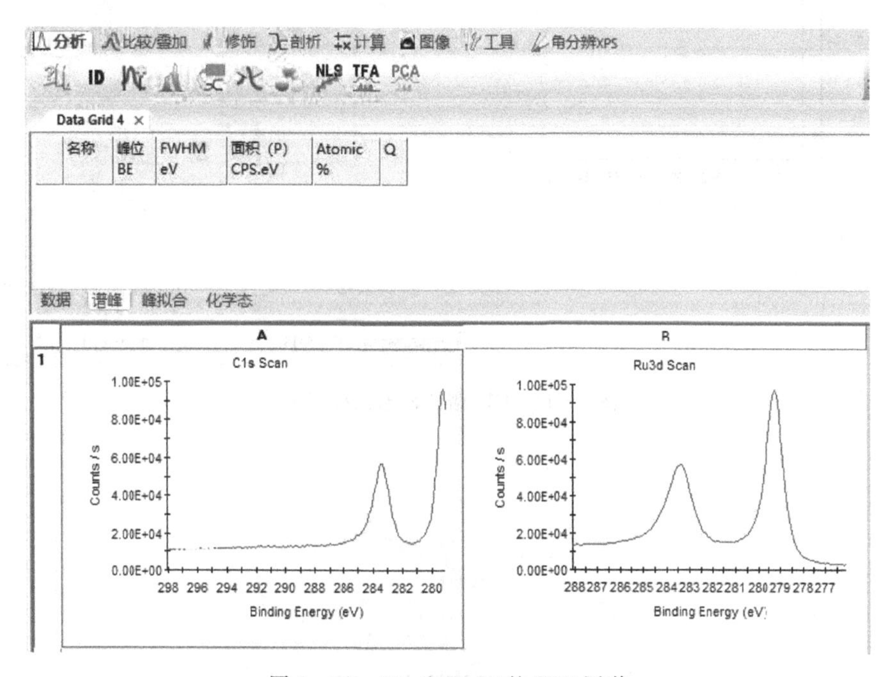

图 9 - 10　C1s 和 Ru3d 的 XPS 图谱

(2)荷电位移校正。如图 9 - 11 所示，选中 C1s 谱图，采用手动峰位识别确定 C—C 键的 C1s 结合能位置，以 C1s＝284.6eV 为参考值，记录下当前的荷电位移。选中所需分析 XPS 谱图，单击荷电位移按钮，在弹出的窗口中位移量处输入荷电位移值，再选择“＋eV”或“－eV”，最后单击“接受 & 关闭”按钮。

(3)选中所需分峰的某元素谱图，然后用双竖线指针在该谱图中选取分峰范围。注意：起点与终点应选在背底较平滑的位置。

(4)单击工具栏中的“峰拟合”按钮，在弹出的窗口中选择“Add Fitted Peak”选项，其中峰背底类型选择“Smart”，如图 9 - 12 所示，然后在需要进行分峰的谱图界面上通过移动三竖线指针来选取需要加峰的位置(注：不同化学态结合能值可参考文献或 XPS 手册)，位置选好后单击添加峰即可在谱图上加峰，依次添加其他峰。

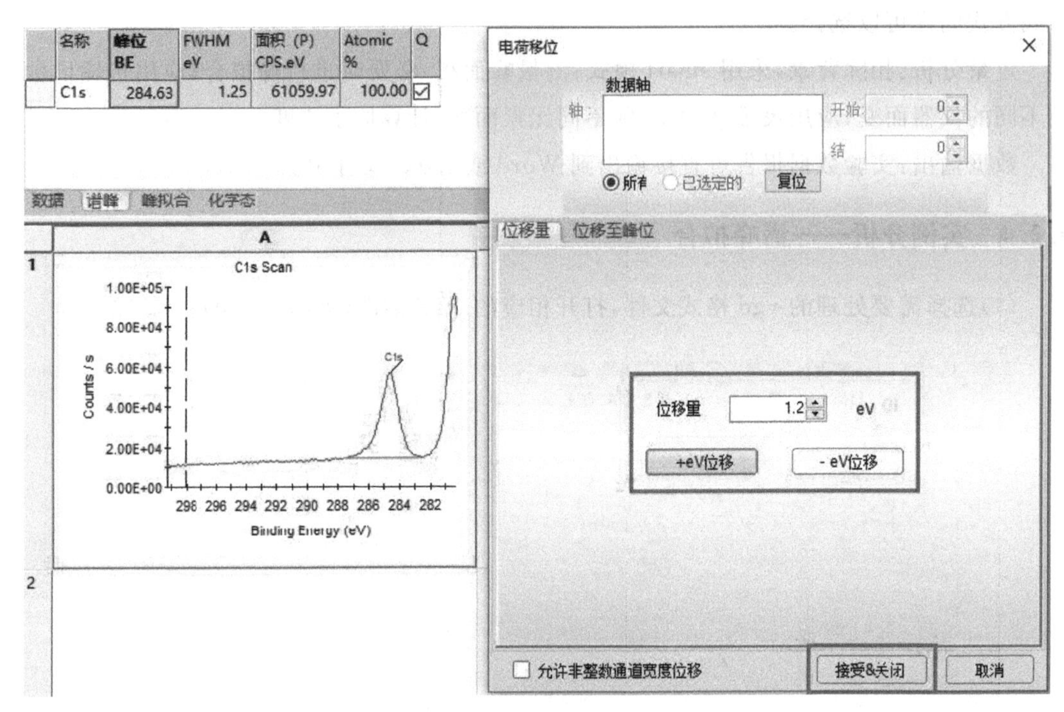

图 9-11　C1s 谱图荷电位移校正

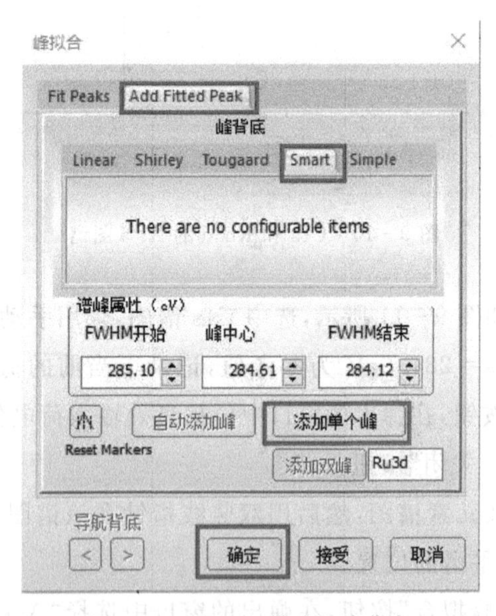

图 9-12　Smart 模式扣除背底

在窗口中选择“Fit Peaks”，单击“拟合所有层”对多个峰进行拟合(见图 9-13)。根据拟合情况，可多次单击“拟合所有层”直至得到满意的拟合结果。完成后单击“确定”按钮。

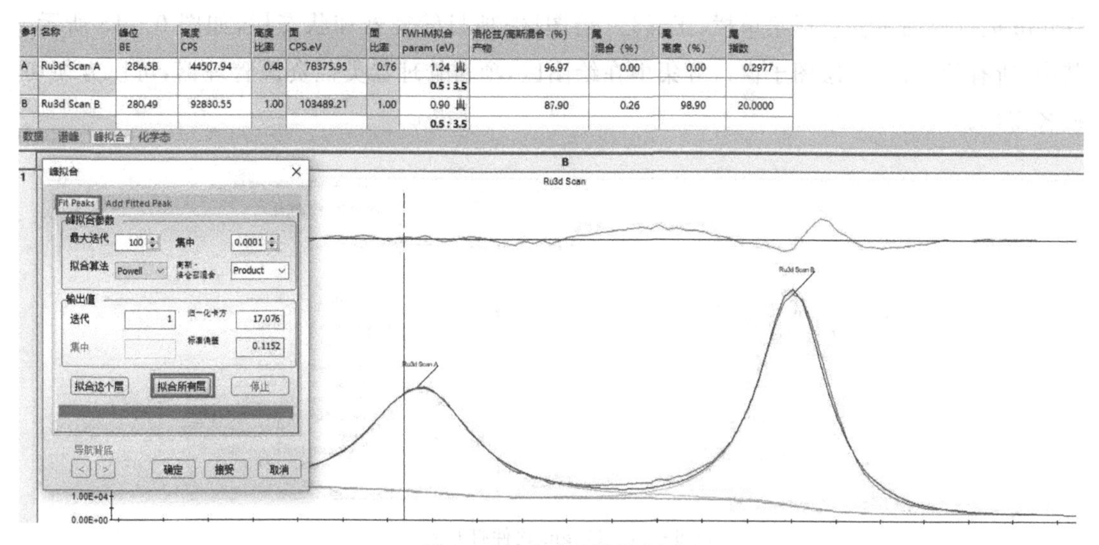

图 9 - 13　Ru3d 峰拟合图

(5)拟合数据导出。可以 Excel 数据或图片形式导出，选中拟合峰谱图，单击工具栏中的“报告”，选择 Excel 中的“Report to”，就可以生成 Excel 数据文件，将数据复制到 Origin 软件中，即可绘图。

9.3　Origin 绘图及数据分析软件

Origin 是一款绘图及数据分析软件，支持各种各样的 2D/3D 图形。Origin 中的数据分析功能包括统计、信号处理、曲线拟合以及峰值分析，数据导入功能支持 ASCII、Excel 等多种格式的数据，可输出 JPEG、GIF、EPS、TIFF 等格式图形。该软件的特点是使用简单，采用直观的、图形化的、面向对象的窗口菜单和工具栏操作，全面支持鼠标右键、支持拖放式绘图等。采用 Jade 软件进行标定的 XRD 结果可以采用 Origin 软件进行专业的绘图。

9.3.1　软件功能

(1)数据分析：包括数据的排序、调整、计算、统计、频谱变换、曲线拟合等各种完善的数学分析功能。准备好数据后，进行数据分析时，只需选择所要分析的数据，然后再选择相应的菜单命令就可。

(2)绘图：Origin 的绘图是基于模板的，该软件本身提供了几十种二维和三维绘图模板。绘图时，用户也可自定义数学函数、图形样式和绘图模板。

9.3.2　软件安装

以 Originlab Originpro 2019b 版本为例进行说明，安装好之后的界面如图 9 - 14 所示。

Origin 运行界面主要包括菜单栏、工具栏、绘图区、项目管理器和状态栏，如图 9－15 所示，其中，所有的工作表、绘图子窗口等集中在绘图区，项目管理器类似资源管理器，可以方便切换各窗口。

图 9－14　Origin 软件打开界面

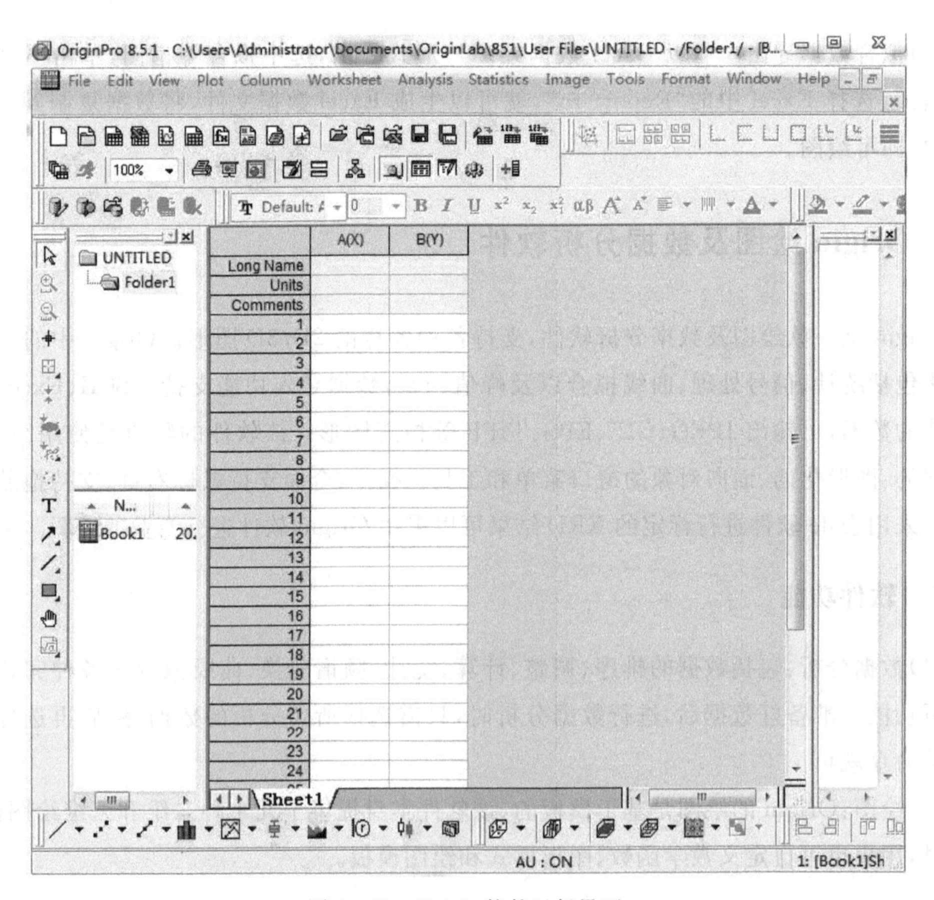

图 9－15　Origin 软件运行界面

9.3.3　软件使用

1. 菜单说明

File 菜单：可以打开文件、输入输出数据图形等。

Edit 菜单：包括数据和图像的编辑等，比如复制、粘贴、清除等。

View 菜单：控制屏幕显示，能够对界面工具栏进行自定义设置。

Plot 菜单：常用的是二维绘图功能，其他还包括 Plot3D 三维绘图、气泡/彩色映射图、统计图和图形版面布局、面积图、极坐标图和向量等特种绘图，同时用户还可以利用模板库 Template Library 进行绘图，更加方便快捷。

Column 菜单：可针对工作表设置列的属性，增加或删除列等。

Analysis 菜单：能够对工作表窗口提取工作表数据，进行行列统计和排序，包括数字信号处理（快速傅里叶变换 FFT、相关 Corelate、卷积 Convolute、解卷 Deconvolute）、统计功能（T -检验）、方差分析（ANOAV）、多元回归（Multiple Regression）、非线性曲线拟合等。对绘图窗口进行数学运算、平滑滤波、图形变换、FFT、线性多项式、非线性曲线等各种拟合。

Tools 菜单：可以对工作表窗口进行选项控制、工作表脚本；线性、多项式和 S 曲线拟合；对绘图窗口进行选项控制；层控制；提取峰值；基线和平滑；线性、多项式和 S 曲线拟合。

Format 菜单：对工作表窗口可以进行菜单格式控制、工作表显示控制，栅格捕捉等；对绘图窗口可以进行菜单格式控制、图形页面、图层和线条样式控制，栅格捕捉，坐标轴样式控制等。

Window 菜单：主要实现控制窗口的显示。

2. 基本操作

输入数据：通常数据按照 XY 坐标存为两列，可以手动输入，也可以通过 File 菜单下 Import 命令进行数据调用，如导入 Excel 数据。

绘制简单二维图：按住鼠标左键拖动选定 XY 两列数据，用 Origin 界面底部的绘图按钮可以绘制简单的图形，包括点线图、散点图等。

设置列属性：双击数据表中的某列数据或者点右键选择 Properties，可以设置一系列的属性，如改变列的名称（Column Name）、改变列的标识（Plot Designation）、改变数据的类型（Display）、改变数的格式（Format）、改变数的显示格式（Numeric Display）、改变列宽（Column Width）、为列标签添加说明（Column Label）。

图的编辑：如图 9 - 16 所示，利用软件左侧界面的 Tool 工具栏可以对二维图进行编辑和数据读取，包括文本的添加、图形的添加等。双击图中坐标和图中曲线或点弹出的图形属性编辑页面，如图 9 - 17 和图 9 - 18 所示，利用其中的编辑功能可以实现定制图形的目的，包括定制坐标轴和定制曲线。

图 9－16　界面左侧 Tool 工具栏说明

X Axis - Layer 1

Scale　Tick Labels　Title　Grids　Line and Ticks　Special Ticks　Reference Lines　Breaks　Rug

Horizontal

Vertical

From　-200

To　2000

Type　Linear

Rescale　Normal

Rescale Margin(%)　8

Reverse

Major Ticks

Type　By Increment

Value　200

First Tick

Minor Ticks

Type　By Counts

Count　1

Select multiple axes to customize together.

Apply To...　OK　Cancel　Apply

图 9－17　双击图中坐标弹出的图形属性编辑页面

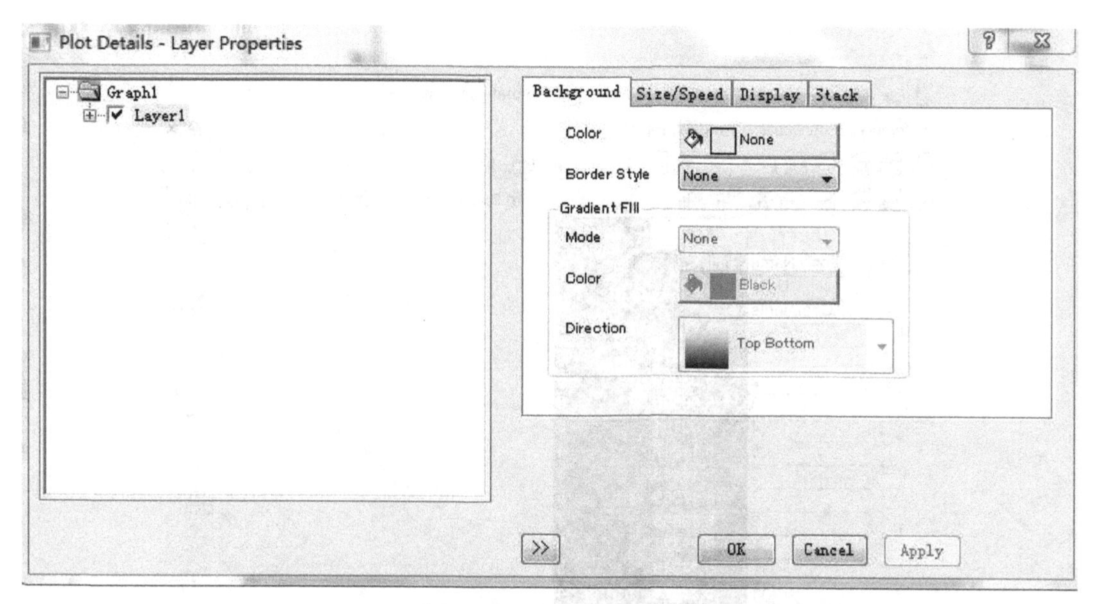

图 9-18 双击图中曲线或点弹出的图形属性编辑页面

图形导出：图形编辑完成可采用 File 菜单栏下的 Export Graphs 命令进行图形导出，可以设置图形的格式和存储位置。

9.3.4 实例分析——绘制 XRD 图谱

以下就某 XRD 图谱的绘制具体步骤做一实例说明：

(1)把谱线导入到 Origin 中，可以直接从 Excel 中粘贴数据，也可以将 Jade 软件导出保存的 txt 文件导入，如果导入可选择“File”→“Impro”→“Single ASCII”命令，导入结果如图 9-19所示。

(2)点击菜单栏中“plot”→“Basic 2D”选项作图，也可以直接选择左下角 Line 图标初步生成曲线，如图 9-20 所示。

(3)双击图中坐标数据，在弹出的轴线对话框中设置图谱边框格式并调整合适的数据范围，如图 9-21 所示。

(4)在图中空白处右击图标，在弹出的 Add text 对话框中设置图中各衍射峰的标定信息，如图 9-22 所示。

(5)形成最终的 XRD 图谱，可点击“File”文件中的“Export Graphs”命令，将图形导出为 JPG 或其他格式，如图 9-23 所示。

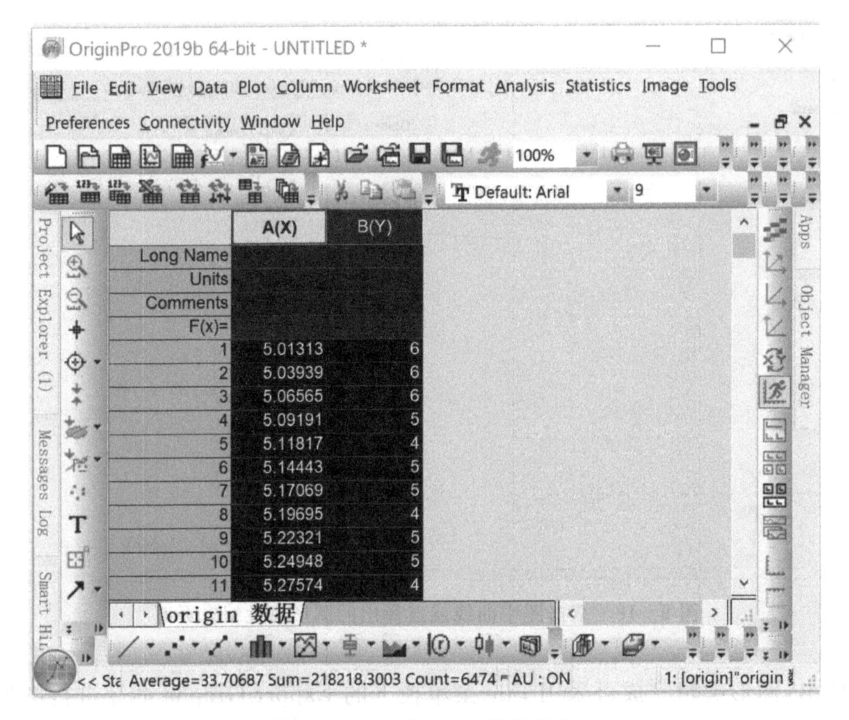

图 9-19　导入 XRD 谱线数据

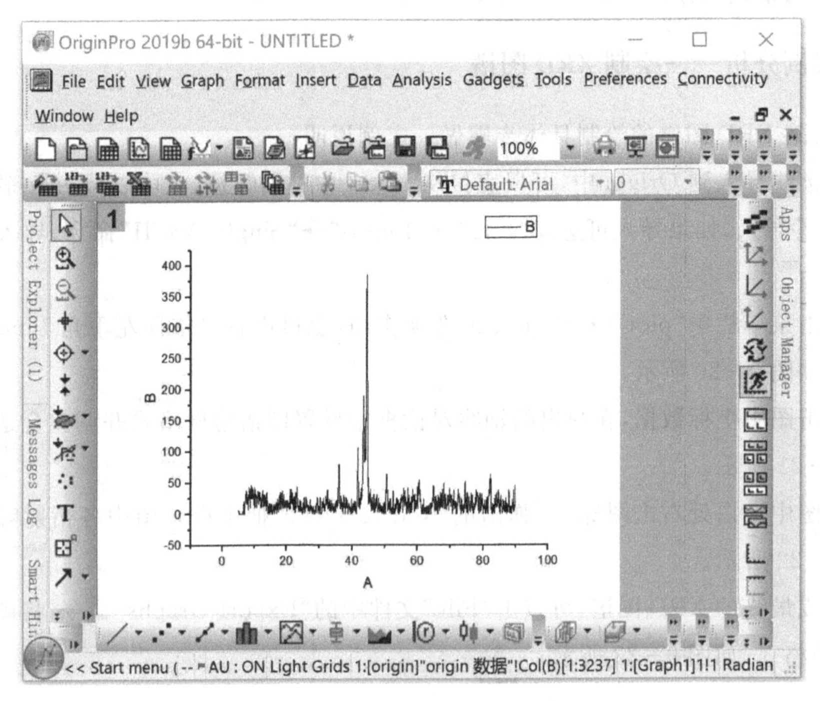

图 9-20　初步生成 XRD 图谱

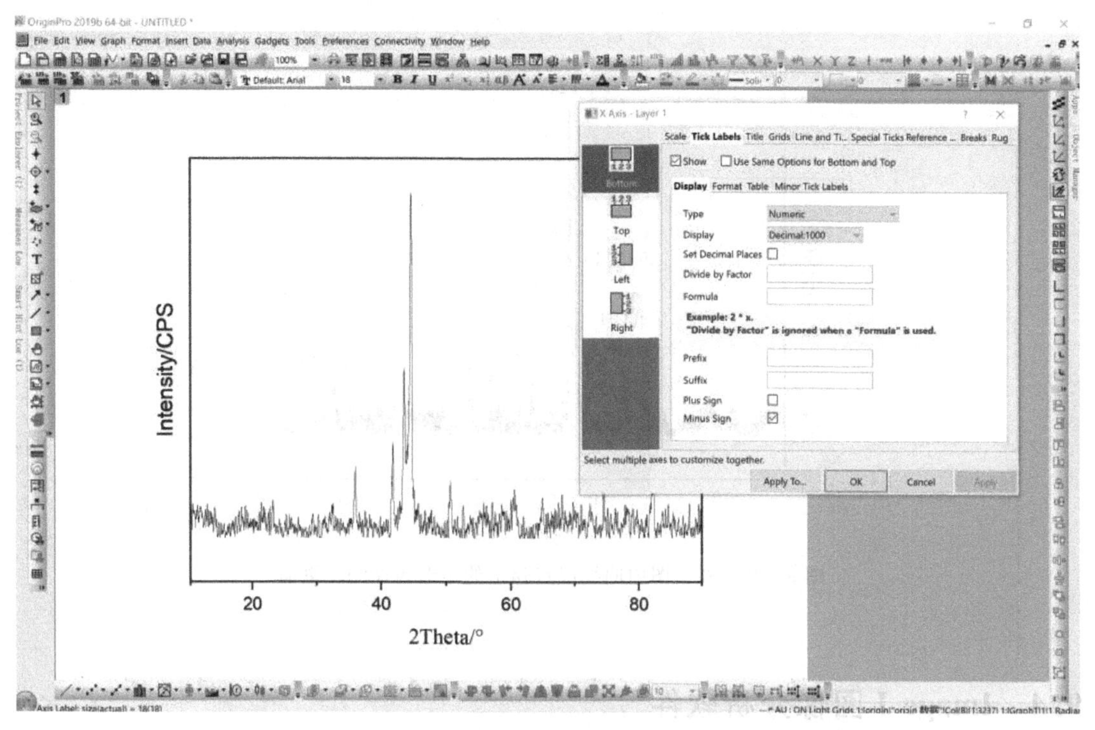

图 9－21　双击图中曲线或点弹出的图形属性编辑页面

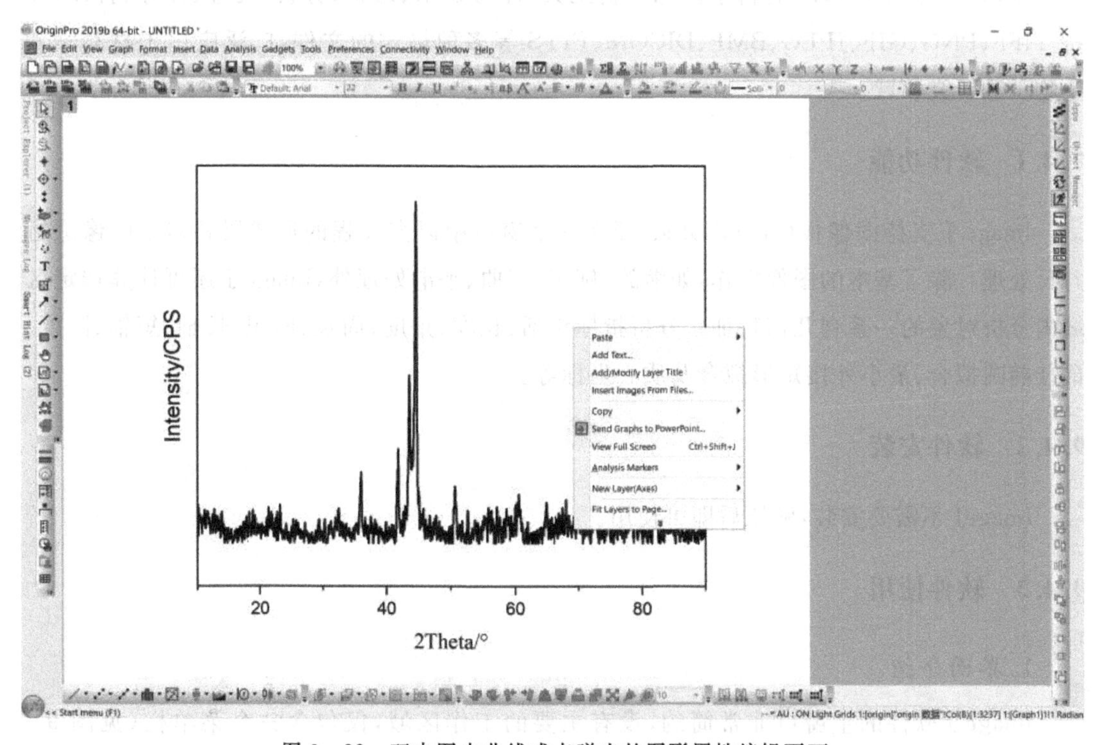

图 9－22　双击图中曲线或点弹出的图形属性编辑页面

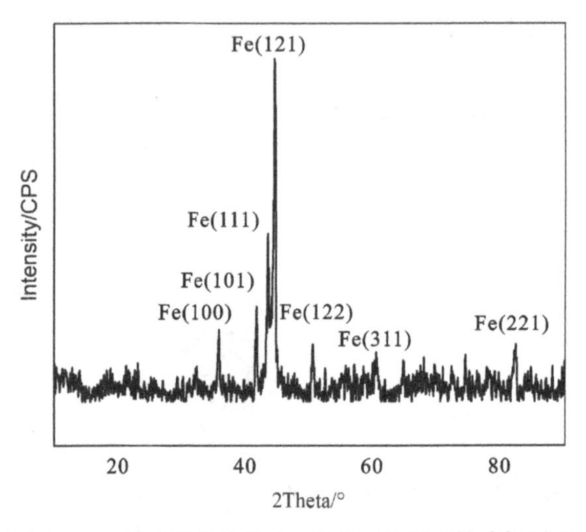

图 9-23 双击图中曲线或点弹出的图形属性编辑页面

9.4 Image J 图像分析软件

Image J 是基于 Java 的科学图像分析工具，能够显示、编辑、分析、处理、保存、打印，支持 TIFF、PNG、GIF、JPEG、BMP、DICOM、FITS 等多种格式的文件，广泛应用于材料学和生物学等研究领域。

9.4.1 软件功能

Image J 支持图像栈(stack)功能，即在一个窗口中以多线程的形式层叠多个图像进行并行处理。除了基本的图像操作，如缩放、旋转、扭曲、平滑处理外，Image J 还可计算选定区域内分析对象的一系列几何特征。分析指标包括：长度、角度、周长、面积、长轴、短轴、圆度、最佳椭圆拟合、最小外接矩形拟合及质心坐标等。

9.4.2 软件安装

ImageJ 不需要安装，解压后即可使用。

9.4.3 软件使用

1. 界面介绍

Image J 软件的主窗口非常简约，没有主要的工作区域，仅包含一个菜单栏(见图 9-24)，其中包含所有菜单命令、工具栏和状态栏。图像、直方图、配置文件等显示在其他窗口中，测量结果显示在结果表中。大多数窗口可以在屏幕上拖动并调整大小。

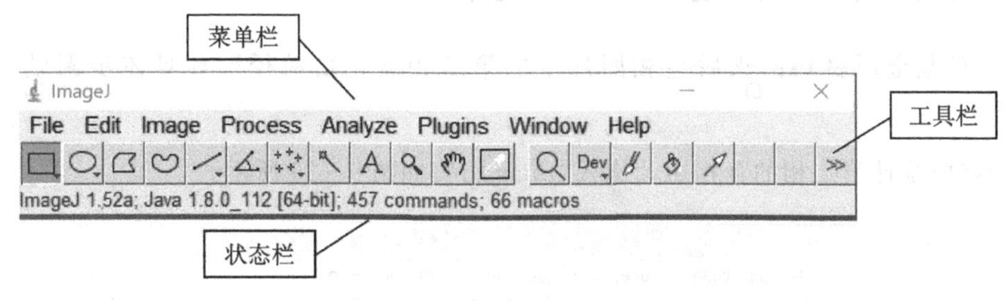

图 9－24　Image J 软件主界面

工具栏中有各种常用命令，如图 9－25 所示，包含用于进行选择、绘图、缩放和滚动的工具。当光标在图像上方时，像素强度和坐标显示在状态栏中。运行过滤器(filter)后，还将显示经过的时间和处理速率(以像素/秒为单位)。在状态栏上单击时，将显示 Image J 版本、正在使用的内存、可用内存和已有内存百分比。在创建 Selection 或调整其大小时，状态栏上会显示选择属性，如位置、宽度等。

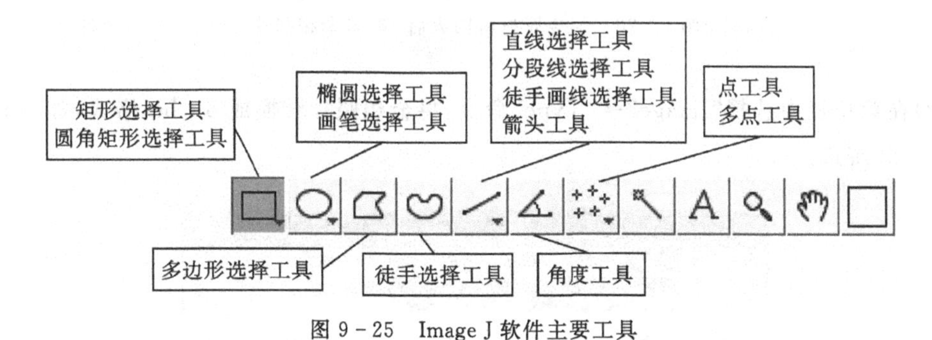

图 9－25　Image J 软件主要工具

2. 基本操作

粒径分布统计：针对金相或扫描电镜图像中的第二相颗粒粒径分布可采用此操作。具体步骤包括：选择“file”→“open”命令，导入预分析图片；为后续设置对比度临界值，依次选择“image”→“Type”→“8－bit”，将 RGB 格式的图片转换为“8－bit”黑白图片；选择“线段”工具(工具栏左起第五个命令)，然后放大图像比例尺，并在图像中画出比例尺长度的线段，选择“Analyze”→“Set Scale”命令，在“Known distance”文本框中填入真实比例尺长度，并在“unit of length”文框中填入单位，单击“OK”按钮；选择“Image”→“Adjust”→“Threshold”命令，设置对比度临界值，以尽量清晰准确显现第二相粒子的轮廓为止，选择“Analyze”→“Set Measurements”命令，在弹出的窗口中勾选面积 Area 以确定所需统计面积信息，选择“Analyze”→“Analyze Particles”命令，并设置合理的面积过滤条件，确定后弹出面积统计信息；最后，全选所有数据，用 Excel 或 Origin 数据处理软件可计算出粒径及其分布统计结果。

上述操作也适用于对比度较高的第二相粒子的占比统计。

9.4.4 实例分析——对比度高的第二相统计

以下就某金属材料回火后金相照片中的第二相碳化物粒径统计具体步骤做一实例说明。

(1)将要统计第二相的金相照片拖入“Image J”,如图 9-26 所示。

图 9-26 某金属材料回火后 500×金相照片

(2)在菜单栏中选择“Image”→“Type”命令,将金相照片转换成 8-bit 格式,如图 9-27 和图 9-28 所示。

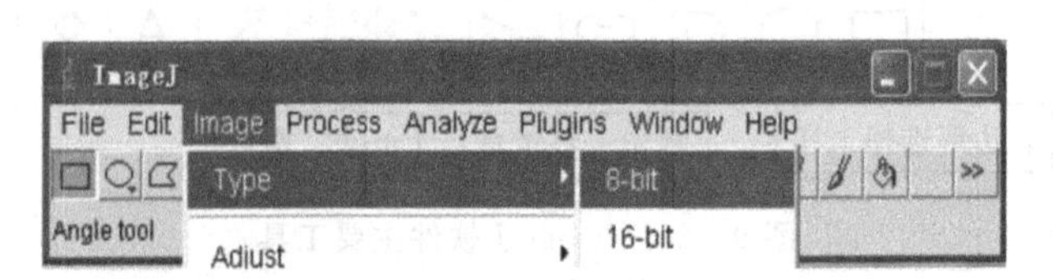

图 9-27 菜单栏中 Image→Type 命令

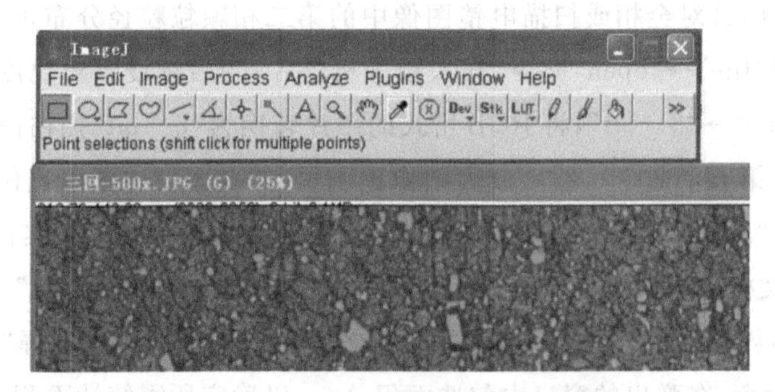

图 9-28 转换成 8-bit 格式后的金相照片

(3)在菜单栏中选择“Image”→“Adjust”→“Threshold”命令,调节碳化物和基体的对比度,以尽量清晰准确显现碳化物的轮廓为止,如图 9-29 和图 9-30 所示。

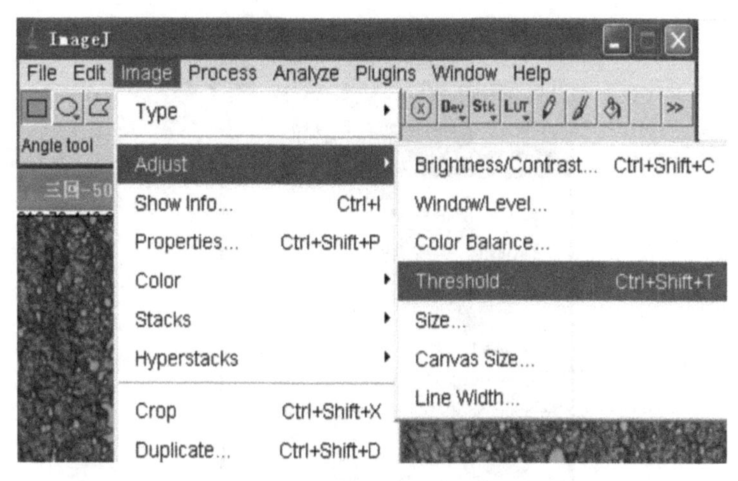

图 9－29　菜单栏中“Image”→“Adjust”→“Threshold”命令

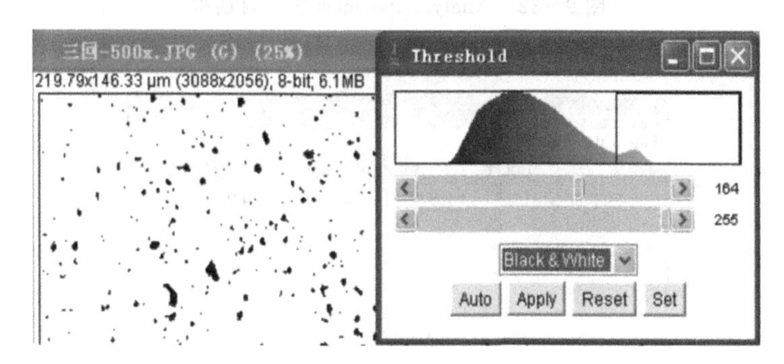

图 9－30　调节对比度后的金相照片

(4)如图 9－31 所示，在菜单栏中选择“Analyze”→“Analyze Particles”命令，出现图 9－32 所示对话框，输入要统计的碳化物的尺寸范围。

(5)统计结果如图 9－33 所示，依次是碳化物数目、面积大小、平均尺寸、面积分数。这里面积单位是 μm^2，如果没有 Set Scale，面积以像素点为单位。

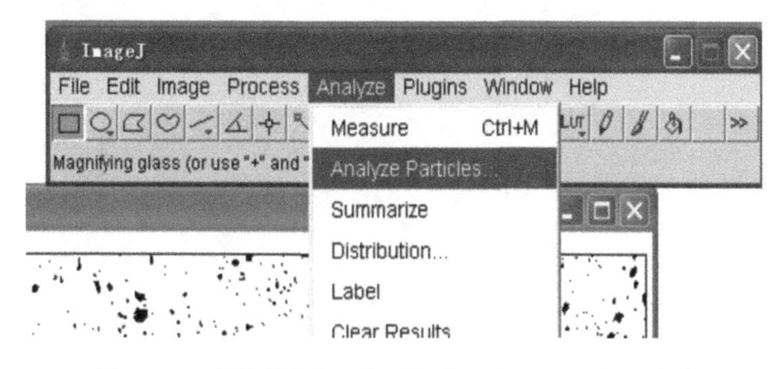

图 9－31　菜单栏中“Analyze”→“Analyze Particles”选项

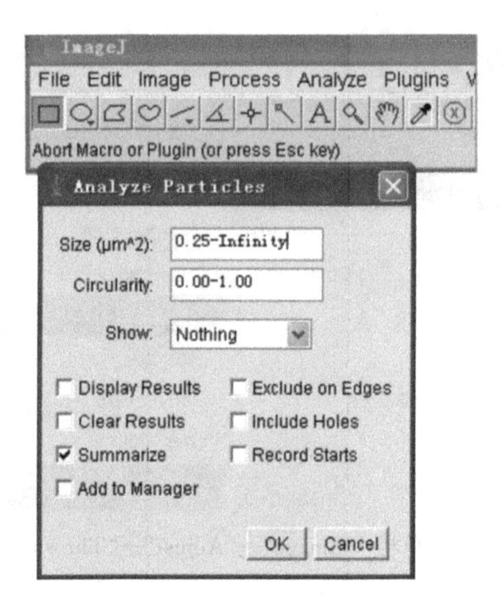

图 9-32　Analyze Particles 选项对话框

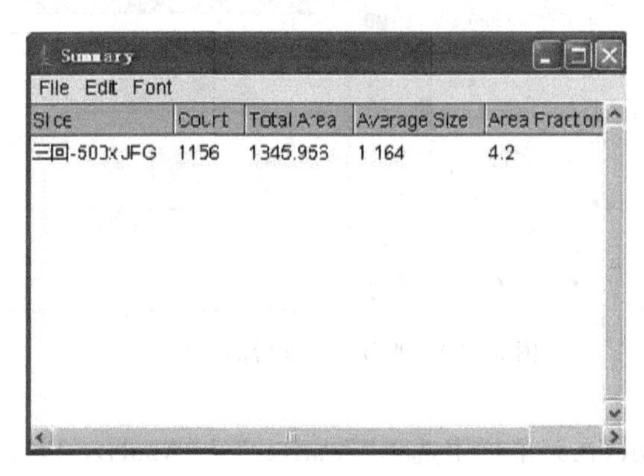

图 9-33　第二相统计结果

参考文献

[1]崔慧明，陈林."中国制造 2025"战略之"智能制造"[J]. 科技经济市场，2022，(4)：7-9.

[2]工信部节能与综合利用司. 关于《高端智能再制造行动计划(2018-2020 年)》的解读[J]. 表面工程与再制造，2017，(6)：20-22.

[3]张洪潮，李明政，刘伟嵬，等. 机械装备再制造的重点基础科学问题研究综述[J]. 中国机械工程，2018，29(21)：2581-2589.

[4]刘文浩，陈燕，周睿，等. 再制造加工技术的研究进展[J]. 金刚石与磨料磨具工程，2021，41(4)：1-7.

[5]王金龙，高斯博，杨宇星，等. 机械装备可再制造性评价研究综述[J]. 机械工程学报，2022，58(3)：221-234.

[6]徐滨士，夏丹，谭君洋，等. 中国智能再制造的现状与发展[J]. 中国表面工程，2018，31(5)：1-13.

[7]陈玉奇. 基于"课程思政"理念下的《再制造工程基础》教学设计[J]. 教育现代化，2019，(94)：240-241.

[8]徐滨士. 新时代中国特色再制造的创新发展[J]. 中国机械工程[J]，2018，31(1)：1-6.

[9]张伟，史佩京. 中国工程院院士徐滨士解读《高端智能再制造行动计划》大力发展高端智能再制造产业是实现制造强国的重要途径[J]，工程机械与维修，2018(01)：23.

[10]王荣. 失效机理分析与对策[M]. 北京：机械工业出版社，2020.

[11]孙芳萍，张盈盈，张志浩，等. 某油气集输管线腐蚀失效分析[J]，装备环境工程，2018，15(8)：26-32.

[12]刘明霞，畅庚榕，付福兴，等. 高炉煤气能量回收透平叶片失效的原因[J]，机械工程材料，2018，42(1)：89-94.

[13]WANG D, TIAN T, SONG S L, et al. A study of the structure and erosion properties of CrNx/CrAlN coatings with different modulation periods[J], Wear, 2023, 514-515: 204583-1-204583-8.

[14]BRIERLEY N, NYE B, MCGVINNESS J, et al. Mapping the spatial perform-

ance variability of an X - ray computed tomography inspection[J], NDT & E International,2019,107:102127 - 1 - 102127 - 11.

[15]PERMLNOV A, BARTZSCH G, ASGArIAN A, et al. Utilization of L - PBF process for manufacturing an in - situ Fe - TiC metal matrix composite[J], Journal of Alloys and Compounds, 2022,922:166281 - 1 - 166281 - 13.

[16]吕刺. 316L 不锈钢激光熔覆缺陷的超声波检测与分析[D], 江苏大学, 2014.

[17]刘玉江. 某隧道工程掘进机滚动失效分析[J], 矿山机械, 2016, 44(4):12 - 15.

[18]魏青松. 增材制造技术原理及应用[M]. 北京: 科学出版社, 2017.

[19]魏青松. "中国制造 2025"出版工程:金属粉床激光增材制造技术[M]. 北京: 化学工业出版社, 2019.

[20]杨占尧,赵敬云. 增材制造与 3D 打印技术及应用[M]. 北京: 清华大学出版社, 2017.

[21]李金桂, 周师岳, 胡业锋. 现代表面工程技术及应用[M],化学工业出版社,2014;

[22]曾晓雁,吴懿平. 表面工程学[M],北京: 机械工业出版社,2017.

[23]朱张校, 工程材料[M]. 北京: 清华大学出版社, 2009.

[24]王忠诚, 齐宝森, 李扬. 典型零件热处理技术[M]. 北京: 化学工业出版社, 2010.

[25]樊东黎. 热处理工程师手册[M]. 北京: 机械工业出版社, 1996.

[26]崔宸, 武美萍, 夏思海. 热处理对 42CrMo 钢表面激光熔覆钴基涂层性能的影响[J]. 中国激光,2020, 47(6):0602011 - 1 - 8.

[27]常铁军. 材料近代分析测试方法[M],哈尔滨: 哈尔滨工业大学出版社,1999.

[28]张鹏飞, 李玉新, 李亮, 等. 7075 铝合金表面激光熔覆 Ti/TiBCN 复合涂层的组织及性能[J]. 中国表面工程, 2018, 31(2): 159 - 164.

[29]张晓化, 刘道新, 刘国华. Cu/Ni 多层膜对 Ti811 合金微动磨损和微动疲劳抗力的影响[J]. 稀有金属材料与工程, 2011, 40(2): 294 - 300.

[30]范雄. X 射线金属学[M],北京:机械工业出版社,1980.

[31]魏全金. 材料电子显微分析[M], 北京:冶金工业出版社, 1990.

[32]王荣. 失效机理分析与对策[M], 北京:机械工业出版社, 2020.

[33]王荣. 失效分析应用技术[M], 北京:机械工业出版社, 2021.

[34]徐滨士, 朱绍华, 刘世参. 材料表面工程技术[M], 哈尔滨:哈尔滨工业大学出版社, 2014.

[35]JB/T 9127. 圆柱螺旋压缩弹簧喷丸技术规范[S]. 北京: 国家机械工业局, 2000.

[36]陆小龙, 刘秀波, 余鹏程, 等. 后热处理对 304 不锈钢激光熔覆 Ni60/h - BN 自润滑耐磨复合涂层组织和摩擦学性能的影响[J]. 摩擦学学报 2016, 36(1): 48 - 54.

[37]于希辰, 王志文, 刘海清, 等. 后热处理对激光熔覆涂层应用的研究进展[J]. 金属

热处理学报，2019，44(03)：114-119.

[38]边培莹. 增材制造技术实训[M]，北京：机械工业出版社，2022.

[39]曾大海，宋圣欢. 高炉煤气压缩机叶片断裂原因分析及改进措施[J]. 压缩机技术，2021(02)：48-53.

[40]赖君荣，文丰正，钟耀文. 汽车自动变速箱再制造表面处理工艺研究[J]. 装备制造技术，2016(11)：128-130.

[41]张广贤. 汽车发动机再制造技术与发展趋势[J]. 内燃机与配件，2021(10)：186-187.